"三高"人群如何选择保健食品？

上海市消费者权益保护委员会　编

前言

　　我国改革开放 30 多年来，随着社会经济等各方面的快速发展，人们的生活水平日益提高，广大消费者对营养、健康、保健、养生等的关注大大增加，对营养保健品需求也日趋旺盛和多元化，相关的健康与保健消费逐年攀升。保健食品、保健用品等越来越多地出现在人们的生活中，正逐渐形成一个独特而庞大的保健产业市场。

　　1996 年我国出台了一系列有关保健食品行业的制度规定，对保健食品市场进行了规范管理和严格整顿，保健食品市场逐渐步入正轨。2005 年国家食品药品监督管理局颁布了《保健食品注册管理办法（试行）》。随着保健食品的数量、质量、种类及其科技含量不断增加，我国保健食品行业逐步进入繁荣发展的成长期。但是，目前我国的保健食品行业和市场还存在比较混乱和不规范的局面，保健食品生产经营者的职业水平参差不齐，夸大保健食品功能宣传的虚假广告泛滥，假冒伪劣产品常被新闻媒体曝光，市场监督管理尚存在难度和乏力。同时，广大消费者由于专业知识有限，不了解保健食品的机制、功能和作用等，对保健食品的认识存在误区和盲区，作为保健食品消费的主要群体——老年人，他们希望通过服用保健食品来达到健康和长寿的目的，因此，容易道听途说、偏听偏信，会掉入不良商家的"陷阱"而上当受骗。

本书的撰写目的是通过深入浅出的科普宣传、消费者上当受骗的典型案例和误听误信耽误治病影响健康的教训来告知消费者，保健食品虽对人体具有一定的保健功能，但它不是药品，不能治疗疾病；不讲科学乱吃保健品，不仅不能起到保健功效，还有可能损害消费者的健康。

上海市消费者权益保护委员会（简称消保委）为了维护消费者的合法权益委托复旦大学的相关专业研究人员编撰本书，参加撰写的有：复旦大学公共卫生学院教授、博士生导师厉曙光，营养学讲师薛琨博士，生命科学教师匡志超硕士等。目的是希望广大消费者通过阅读本书，提高对保健食品及疾病预防方法的科学认识，增强科学和理性选择保健食品的能力，能够正确选好、吃好保健食品，真正受益保健食品。

编者
2016 年 1 月

目录

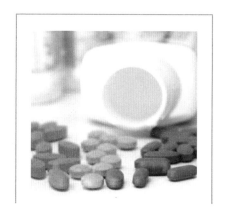

CHAPTER ONE

第一章

认识保健食品

本章要点：

- 什么是保健食品
- 保健食品与普通食品、药品有何关系
- 保健食品的作用与分类
- 保健食品谁来管
  ——相关法律法规和主管部门

场景一：

快过年了，在上海工作的小王刚在网上抢到回家的火车票，高兴之余，开始盘算：今年回家给爸妈带点什么礼物呢？带点保健品吧——老人年纪大了，身体虚，吃点保健品补一补……他来到超市，找到保健品货架区，足足有两三排，摆满了各种包装精美的蛋白粉、氨基酸口服液、鸡精、燕窝饮品、钙片之类的商品……林林总总，不禁看花了眼。

小王和小李在超市、药店里看到的这些商品，这么多剂型，都是保健食品吗？它们都有哪些保健作用？消费者该怎么选择呢？健康的人和病人都能吃吗？

场景二：

小李的岳父最近被诊断为胃癌晚期，不能手术，只能进行化疗，全家都很难过。他听说冬虫夏草能提高免疫力，对肿瘤病人有好处，便到药店里想购买一些冬虫夏草回来。药店里的保健品柜台里摆放着不少有包装的和没有包装的传统中草药，有冬虫夏草，还有鹿茸、灵芝、人参……店员给小李介绍，他们有干制的原药，也有通过破壁、压片技术制得的胶囊或片剂。

场景三：

老张的儿子去美国出差，带回来好多瓶瓶罐罐的保健品，有鱼油、卵磷脂、蜂胶等等很多品种，都是国外的中国朋友推荐的，说是这些保健品在国内很受欢迎，网上也有很多人在做这些保健品的代购。但是，这些保健品谁能保证它们的质量？会不会出现安全问题？如果出了问题谁来管呢？

场景四：

小红是个爱美的姑娘，一直要减肥，节食太苦，跑步太累，怎么办呢？正在天天唉声叹气时，同事推荐了一种"减肥药"给她。小红说：我不吃药，吃药有副作用，多可怕。同事说：这"药"不是药，是保健食品，长期服用对人没有不良作用。

人们每天在报纸、杂志、广播、电视中经常会接触到各种"保健食品"的广告。有的看上去和普通食品没什么两样，比如有"保健功能"的茶、酒、蜂制品、口服液、饮品等，具有特有的色、香、味、形，在食用剂量上一般没有严格的限制。而有些看上去更像药品，被制作成胶囊、片剂等形式，标签上注明了用法和用量，及其特定的营养性或辅助治疗作用，仔细看，还能发现有一串以"健"字开头的批号。

一、什么是保健食品

1. 保健食品的定义

广义讲，对人有保健作用的食品都可以成为保健食品，但为了便于管理，必须对保健食品的范畴给出严格的定义，不在法定定义范围的，则不被作为保健食品来管理监督。在不同国家、不同时期，相关法律法规中对保健食品的定义不尽相同。

随着人们对保健食品需求的增加和市场的快速发展，保健食品的定义也在不断更新。1996 年 3 月我国发布的《保健食品管理办法》和 2005 年 7 月实施的《保健（功能）食品通用标准 GB 16740 – 1997》《保健食品注册管理办法（试行）》中都对保健食品的概念进行了规范。2005 年颁布的《保健食品注册管理办法》更进一步完善了保健食品的概念，保健食品是指声称："具有特定保健功能或者以补充维生素、矿物质为目的的食品。即适宜于特定人群食用，具有调节机体功能，不以治疗疾病为目的，并且对人体不产生任何急性、亚急性或者慢性危害的食品"。其中明确了保健食品的种类，即具有保健功能的保健食品和营养补充剂两种类型，并指出保健食品需要保证食用的安全性。

延伸阅读 **其他国家保健食品的定义**

英语中保健食品常被称成 health food。在美国 health food 是一个模糊的概念。美国人将天然有机食品 (natural organic food)、膳食补充剂 (dietary supplementary) 以及形形色色的功能食品 (functional food) 全部列入 health food 的范畴。与我国保健食品定义及范畴更接近的法定术语应是膳食补充剂 (dietary supplementary)。过去，美国食品药品监督管理局 (FDA) 只是将必需营养素，如维生素、矿物质和蛋白质作为膳食补充剂的成分。1990 年营养标签和教育法 (NLEA,1990) 将

"草本植物或类似的营养物质"也列入膳食补充剂中。1994 年FDA颁布《膳食补充剂健康与教育法（DSHEA）》之后，将"膳食补充剂"范畴扩大到必需营养素以外的如人参、大蒜、鱼油、车前草、酶及所有以上物质的各种混合物。其中，将膳食补充剂的正式定义用几个基本要求进行说明：①一种旨在补充膳食的产品（不包括烟草），它可能含有一种或多种以下膳食成分：维生素、矿物质、草本（草药）或其他植物、氨基酸、用以增加每日总摄入量来补充膳食的食物成分，或以上成分的浓缩品、代谢物、成分、提取物或组合产品等；②产品形式可为丸剂、胶囊、片剂或液体状；③不能代替普通食物或作为膳食的唯一来源。

日本的保健食品兴起于20世纪 60 年代，是世界上最早研发保健食品的国家。2001 年，日本厚生劳动省制定并实施了有关保健食品的新法规《保健功能食品制度》，将保健功能食品定位于一般食品和药品之间的地位，并规定可以标示健康声称的食品有两类，即特定保健食品和营养功能食品。这两种产品是包含于健康食品中的较细分类，同时也是日本健康食品体系监管的主要对象。营养功能食品是指依据标准标注此类产品营养成分拥有的功能的食品，补充人体特定的营养成分，政府对此类食品采取事后监督的方式，因此只需要备案。特定保健食品是指以特定保健为目的的食品，这类产品必须接受关于生理功能和特定保健功能方面的有效性及安全性审查，并且有效性标识应得到厚生劳动省的许可或承认。此类产品可以标示对机体的调节作用，但必须满足以下要求：①用于健康保护；②基于营养要求，对健康有益；③该食品以及食品成分必须安全；④以前特定保健食品必须是以普通食品的形态生产和销售，2001 年以后才规定可使用片剂、胶囊剂型。

加拿大保健类食品统称为天然健康产品，包括维生素、矿物质、传统草药等。澳大利亚没有保健食品的概念或定义，与我国保健食品相类似的是补充医药产品，包括草药、维生素、矿物质和营养补充剂等。国际食品法典委员会对于保健食品并没有相应的定义，只是有一类特殊

膳食用食品的定义相接近，即针对人体某种疾病或紊乱状态而设 | 计、配方或加工，以满足需要的食品，其成分要与一般食品不同。

2. 我国保健食品定义中的相关概念

声称具有特定保健功能的食品——相当于国外的功能食品、健康食品等。所谓特定保健功能，是指国家监管部门规定范围内的保健功能。根据 2003 年卫生部发布的《保健食品检验与评价技术规范》，现行保健食品可以宣称的保健功能共 27 种。例如，多不饱和脂肪酸（DHA,EPA 等），蛋白质，氨基酸，卵磷脂，茶多酚，乳酸菌，多糖，纤维素，植物化学物等，都是常见保健食品中含有的保健功效因子。

以补充维生素、矿物质为目的的食品——指营养素补充剂。国家食品药品监督管理局 2005 年发布的《营养素补充剂申报与审评规定（试行）》的规定，营养素补充剂是指以补充维生素和矿物质而不是以提供能量为目的的产品。其作用是补充膳食营养素供给的不足，预防营养素缺乏和降低发生某些慢性退行性疾病的危险性。常见的营养性补充剂中，有的用来补充维生素 A、维生素 B_1、维生素 B_2、维生素 E、叶酸等，有的用来补充钙、镁、钾、铁、锌、硒等矿物质元素。

二、保健食品的特征

1. 食品中的特殊食品：安全性和功能性

保健食品是一类食品，具有食品的共性，有一定的营养价值，长期食用无毒无害，并有相应的色、香、味等感官性状。它可以是传统食品的外观，也可以是胶囊、片剂或口服液的形式。保健食品又不是普通食品，它应有特定的保健功能，而且是可以用科学的试验方法进行客观验证的具体的、明确的、能够调节人体功能的某一方面，如免疫调节作用、减肥功能、促进生长发育功能、抗疲劳功能等。保健食品的食用量不能像日常食品一样没有限制，保健食品中只含有某些功效因子或部分营养素，不能满足人体对各种必需营养素的需要，不可以代替正常饮食。

2. 仅适用于特定人群

保健食品是特殊食品，并非人人适宜，它仅仅能解决某一部分人群的特定需要，它的食用对象、食用量都有一定的限制。保健食品是针对亚健康人群设计的，不同功能的保健食品对应的是不同特征的亚健康人群。例如，减肥食品只适用于肥胖人群。这是消费者必须关注的保健食品另一个重要特征。

3. 形似药品，但不是药品

药品是直接用于治疗各种疾病的，多数不能长期服用，允许有一定的药物不良反应。保健食品则不能直接用于治疗疾病，它是人体机理调节剂和营养补充剂，在较少食用量下，由其所含的功效成分参加机体的生理调节作用，促进机体由一种不稳定状态或病态向正常状态转化，其作用是较缓慢的。因此，当消费者处于患病状态时，保健食品不能取代药物对病人的治疗作用。保健食品可用来调节机体功能并长期服用，对服用人群不产生任何急性、亚急性或慢性危害。保健食品只能经口摄入，而药物可通过注射、皮肤接触及口服等多种途径给药。因为使用目的的不同，保健食品与药品在生产、设计及广告宣传要求上还有很多具体的区别。例如，药品的生产和技术条件，要经过国家有关监管部门的严格审查，并通过药理、病理、生理、生化等方面的严格检查及在国家认可的、有资质的医院经过大量临床试验的验证观察，经有关部门鉴定批准后，方可投入市场，具有确切的疗效和适应证，不良反应明确；保健食品虽然要经过动物实验和人群试食实验，但不需要经过医院的临床试验，即可形成产品然后投入市场。保健食品包装和广告中不得明示或暗示有疾病预防、治疗功能。

我国传统的中草药原料中有的具有较高的毒性，为了规范保健食品开发中的原料使用，卫生部门曾发布《既是食品又是药品的物品名单》《可用于保健食品的物品名单》《保健食品禁用物品名单》等。保健食品中不允许加入药物成分，这也是两者的本质区别。

**延伸
阅读:**

既是食品又是药品的物品名单

丁香、八角茴香、刀豆、小茴香、小蓟、山药、山楂、马齿苋、乌梢蛇、乌梅、木瓜、火麻仁、代代花、玉竹、甘草、白芷、白果、白扁豆、白扁豆花、龙眼肉（桂圆）、决明子、百合、肉豆蔻、肉桂、余甘子、佛手、杏仁（甜、苦）、沙棘、牡蛎、芡实、花椒、赤小豆、阿胶、鸡内金、麦芽、昆布、枣（大枣、酸枣、黑枣）、罗汉果、郁李仁、金银花、青果、鱼腥草、姜（生姜、干姜）、枳椇子、枸杞子、栀子、砂仁、胖大海、茯苓、香橼、香薷、桃仁、桑叶、桑椹、桔红、桔梗、益智仁、荷叶、莱菔子、莲子、高良姜、淡竹叶、淡豆豉、菊花、菊苣、黄芥子、黄精、紫苏、紫苏籽、葛根、黑芝麻、黑胡椒、槐米、槐花、蒲公英、蜂蜜、榧子、酸枣仁、鲜白茅根、鲜芦根、蝮蛇、橘皮、薄荷、薏苡仁、薤白、覆盆子、藿香。

可用于保健食品的物品名单

人参、人参叶、人参果、三七、土茯苓、大蓟、女贞子、山茱萸、川牛膝、川贝母、川芎、马鹿胎、马鹿茸、马鹿骨、丹参、五加皮、五味子、升麻、天门冬、天麻、太子参、巴戟天、木香、木贼、牛蒡子、牛蒡根、车前子、车前草、北沙参、平贝母、玄参、生地黄、生何首乌、白及、白术、白芍、白豆蔻、石决明、石斛（需提供可使用证明）、地骨皮、当归、竹茹、红花、红景天、西洋参、吴茱萸、怀牛膝、杜仲、杜仲叶、沙苑子、牡丹皮、芦荟、苍术、补骨脂、诃子、赤芍、远志、麦门冬、龟甲、佩兰、侧柏叶、制大黄、制何首乌、刺五加、刺玫果、泽兰、泽泻、玫瑰花、玫瑰茄、知母、罗布麻、苦丁茶、金荞麦、金樱子、青皮、厚朴、厚朴花、姜黄、枳壳、枳实、柏子仁、珍珠、绞股蓝、胡芦巴、茜草、荜茇、韭菜子、首乌藤、香附、骨碎补、党参、桑白皮、桑枝、浙贝母、益母草、积雪草、淫羊藿、菟丝子、野菊花、银杏叶、黄芪、湖北贝母、番泻叶、蛤蚧、越橘、槐实、蒲黄、蒺藜、蜂胶、酸角、墨旱莲、熟大黄、熟地黄、鳖甲。

保健食品禁用物品名单

（按笔画顺序排列）

　　八角莲、八里麻、千金子、土青木香、山莨菪、川乌、广防己、马桑叶、马钱子、六角莲、天仙子、巴豆、水银、长春花、甘遂、生天南星、生半夏、生白附子、生狼毒、白降丹、石蒜、关木通、农吉痢、夹竹桃、朱砂、米壳（罂粟壳）、红升丹、红豆杉、红茴香、红粉、羊角拗、羊踯躅、丽江山慈姑、京大戟、昆明山海棠、河豚、闹羊花、青娘虫、鱼藤、洋地黄、洋金花、牵牛子、砒石（白砒、红砒、砒霜）、草乌、香加皮（杠柳皮）、骆驼蓬、鬼臼、莽草、铁棒槌、铃兰、雪上一枝蒿、黄花夹竹桃、斑蝥、硫磺、雄黄、雷公藤、颠茄、藜芦、蟾酥。

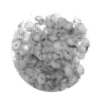  

保健食品中可能非法添加的物质名单
（第一批）2012 年 12 月 14 日 发布

序号	保健功能	可能非法添加物质名称	检测依据
1	声称减肥功能产品	西布曲明、麻黄碱、芬氟拉明	国家食品药品监督管理局药品检验补充检验方法和检验项目批准件 2006004
2	声称辅助降血糖（调节血糖）功能产品	甲苯磺丁脲、格列苯脲、格列齐特、格列吡嗪、格列喹酮、格列美脲、马来酸罗格列酮、瑞格列奈、盐酸吡格列酮、盐酸二甲双胍、盐酸苯乙双胍	国家食品药品监督管理局药品检验补充检验方法和检验项目批准件 2009029
3	声称缓解体力疲劳（抗疲劳）功能产品	那红地那非、红地那非、伐地那非、羟基豪莫西地那非、西地那非、豪莫西地那非、氨基他打拉非、他达拉非、硫代艾地那非、伪伐地那非和那莫西地那非等 PDE5 型（磷酸二酯酶 5 型）抑制剂	国家食品药品监督管理局药品检验补充检验方法和检验项目批准件 2008016，2009030
4	声称增强免疫力（调节免疫）功能产品	那红地那非、红地那非、伐地那非、羟基豪莫西地那非、西地那非、豪莫西地那非、氨基他打拉非、他达拉非、硫代艾地那非、伪伐地那非和那莫西地那非等 PDE5 型（磷酸二酯酶 5 型）抑制剂	国家食品药品监督管理局药品检验补充检验方法和检验项目批准件 2008016，2009030
5	声称改善睡眠功能产品	地西泮、硝西泮、氯硝西泮、氯氮卓、奥沙西泮、马来酸咪哒唑仑、劳拉西泮、艾司唑仑、阿普唑仑、三唑仑、巴比妥、苯巴比妥、异戊巴比妥、司可巴比妥、氯美扎酮	国家食品药品监督管理局药品检验补充检验方法和检验项目批准件 2009024
6	声称辅助降血压（调节血脂）功能产品	阿替洛尔、盐酸可乐定、氢氯噻嗪、卡托普利、哌唑嗪、利舍平、硝苯地平	国家食品药品监督管理局药品检验补充检验方法和检验项目批准件 2009032

三、容易与保健食品相混淆的商品

目前，在我国的市场上除了保健食品以外，还有很多与健康相关的食品，容易造成混淆。为了帮助消费者根据需要，更好地选择适宜的保健食品，以下分别作一些简单的介绍。

1. 营养品

营养品泛指所有促进生长、发育和健康的食物，也可称为营养物或者滋养品，促进生长的食物。一般认为，只要具有促进健康作用的食物，都可以归入营养品的行列。如木瓜，番茄，蓝莓，蜂王浆，蜂胶，螺旋藻，灵芝，芦荟，牛奶，绿茶，甚至肉类，鱼类，豆类，瓜果类，菌菇类等人们耳熟能详的普通食物，也都可以称之为营养品，但在我国这些食品并不作为保健食品管理。

2. 滋补品

滋补品是我国传统饮食文化中的一个常见名词。通常认为，它是补充人体所缺乏的营养物质，提高人的抗病能力，消除虚弱的食品。如冬虫夏草、人参、燕窝、银耳、木耳、鳖、山药、蜂蜜、枸杞、莲子等食材，与其说是补药，不如直接称之为天然补品。这些食材在我国也不作为保健食品管理，即使是包含这些食材成分的盒装胶囊、片剂或口服液，如果没有标明保健食品标识，同样也不是保健食品。

3. 特殊膳食用食品

医院周围常可以看到一些特殊的食品，叫做特殊膳食用食品。在《预包装特殊膳食用食品标签通则》GB13432–2004 规定，特殊膳食用食品是指为满足某些特殊人群的生理需要，或某些疾病患者的营养需要，按特殊配方而专门加工的食品。具有特殊综合的营养价值，可以供这些人群作为日常食品长期食用。特殊膳食用食品的出现主要是解决有一类特殊人群(如婴儿、孕妇、糖尿病、

癌症患者)日常生理营养所需，专门向他们提供那些无法从食用普通食品吸收的营养，如婴儿配方奶粉、糖尿病人专用蛋白粉等。保健食品具有很强的功能导向，需要消费者对自身机体功能状况更为清晰的了解。从这个意义上讲，保健食品的适宜人群更广，功能范围更加单一；而特殊膳食用食品则相反，适宜人群更狭窄，营养价值却更为全面。

4. 膳食补充剂

膳食补充剂虽然目前还不是我国的法定概念，但已在我国消费者中较广泛使用。市场上很多国外的进口保健食品就属于这一类，也有很多消费者到国外购买或者是亲朋好友从国外带回国内。膳食补充剂的概念源自美国，根据 1994 年美国FDA公布的《膳食补充剂健康与教育法(DSHEA)》，对膳食补充剂有几个基本说明：膳食补充剂是一种旨在补充膳食的产品，可能含有以下一种或多种膳食成分，如维生素、矿物质、氨基酸，用以增加每日总摄入量来补充膳食的食物成分，或以上成分的一种浓缩品、代谢物、成分、提取物或组合产品等。膳食补充剂的产品形态可为丸剂，胶囊，片剂或液体状，不能代替普通食物或作为膳食的唯一来源。其标识为膳食补充剂，其正式批准、认证、许可等都不能违反美国的《公共卫生服务法》。

美国的膳食补充剂范围要比我国的保健食品更广，因此美国 FDA 在管理膳食补充剂时，相对"食品添加剂"与"药品"的管理要松得多，后两者都必须向 FDA 证明产品的安全性，经 FDA 批准后方可上市，而膳食补充剂可以先上市，在 FDA 证明产品不安全时才会被勒令撤出市场。由于膳食补充剂在上市时不经过 FDA 的评价，所以根据美国法律规定，产品宣传上必须声明：本产品不能用于诊断、治疗、治愈或预防任何疾病。

消费者须了解的是，国外进口的膳食补充剂在未经我国相关部门审批获得保健食品批准文件的情况下，不能将其视为保健食品。

5. QS 标识商品

QS 标识是食品生产许可的专用标识，即食品质量安全市场准入标识。从事食品生产经营活动的单位或个人必须申请批准的行政许可。如果包装上只有 QS 标识以及食品生产许可证号"卫食健字"，表示该产品只是普通食品，不是保健食品。保健食品不用 QS 标识，而是另有一套"蓝帽子"的标识。当然，目前市场上也有不少保健食品的包装上既有保健食品的标识，又印有食品生产许可证号。

四、保健食品的功能与分类

2003 年 5 月，我国卫生部门认可并可以申报审批并提出验证方法的保健功能有 27 种。2011 年和 2012 年，为了贯彻《食品安全法》，及其实施条例对保健食品实行严格监管的要求，进一步规范功能声称，严格准入门槛，国家食品药品监督管理局起草并完善了《保健食品功能范围调整方案（征求意见稿）》，计划将 27 项功能调整为 18 项，其中取消 4 项，涉及胃肠道功能的 4 项合并为 1 项、涉及改善面部皮肤代谢功能的 3 项合并为 1 项（表 1-1）。

表 1-1 保健食品的功能分类及变更

功能分类	调整前的 27 项	拟调整后的 18 项
呼吸系统相关	清咽	清咽
免疫系统相关	增强免疫力	有助于增强免疫力
血液系统相关	改善营养性贫血	有助于改善缺铁性贫血
	提高缺氧耐受力	有助于提高缺氧耐受力
代谢障碍相关	辅助降血脂	有助于降低血脂
	辅助降血糖	有助于降低血糖
	减肥	有助于减少体内脂肪
神经系统相关	改善睡眠	有助于改善睡眠
	辅助改善记忆	有助于改善记忆
	缓解视疲劳	有助于缓解视疲劳
运动系统相关	缓解体力疲劳	有助于缓解运动疲劳
	增加骨密度	有助于增加骨密度
消化系统相关	对化学性肝损伤有辅助保护	有助于降低酒精性肝损伤危害
	通便、调节肠道菌群、促进消化、对胃黏膜损伤有辅助保护	合并为有助于改善胃肠道功能
其他	促进排铅	有助于排铅
	促进泌乳	有助于泌乳
	祛痤疮、祛黄褐斑、改善皮肤水分	合并为有助于促进面部皮肤健康
	抗氧化	抗氧化
现已取消的项目	改善生长发育 对辐射危害有辅助保护 辅助降血压 改善皮肤油分	

五、保健食品谁来管

1. 主管部门及相关法律法规

目前，我国由国务院食品药品监督管理部门主管保健食品监督管理工作。食品安全法是制定保健食品相关管理办法的根本依据。我国先后颁布了《保健食品管理办法》（1996年3月发布）、《保健（功能）食品通用标准GB 16740 – 1997》、《保健食品原料法规51号文件》（2002年发布）、《既是食品又是药品的物品名单》、《可用于保健食品的物品名单》和《保健食品禁用物品名单》、《保健食品注册管理办法（试行）》（2005年发布）、《保健食品良好生产规范（修订稿）》（2011年12月发布）、《保健食品监督管理条例》（2011年发布）等一系列法规、标准。《新资源食品卫生管理办法》、《食品添加剂卫生管理办法》等也是保健食品注册申报时应遵循的相应法规文件。

保健食品原料目录和允许保健食品声称的保健功能目录，由国务院食品药品监督管理部门会同国务院卫生行政部门、国家中医药管理部门制定、调整并公布。保健食品原料目录包括原料名称、用量及其对应的功效。保健食品声称保健功能应当具有科学依据，不得对人体产生急性、亚急性或者慢性危害。

2. 保健食品注册备案制度

食品药品监督管理局主管全国保健食品注册管理工作，负责对保健食品的审批。保健食品产品注册证有效期为五年。有效期届满，需要继续生产或进口的，应当在有效期届满3个月前申请延续注册（图1–1）。

使用保健食品原料目录以外原料的保健食品和首次进口的保健食品应当经国务院食品药品监督管理部门注册。首次进口的保健食品中属于补充维生素、矿物质等营养物质的，应当报国务院食品药品监督管理部门备案。其他保健食品应当报省、自治区、直辖市人民政府食品药品监督管理部门备案。进口的保健食品应当是出口国（地区）主管部门准许上市销售的产品。依法应当注册的保健食品，注册时应当提交保健食品的研发报告、产品配方、生产工艺、安全性和保健功能评价、标签、说明书等材料及样品，并提供相关证明文件。国务

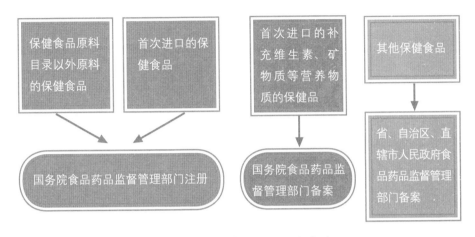

图 1-1　保健食品的注册与备案

院食品药品监督管理部门经组织技术审评，对符合安全和功能声称要求的，准予注册；对不符合要求的，不予注册并书面说明理由。对使用保健食品原料目录以外原料的保健食品作出准予注册决定的，应当及时将该原料纳入保健食品原料目录。依法应当备案的保健食品，备案时应当提交产品配方、生产工艺、标签、说明书以及表明产品安全性和保健功能的材料。保健食品的注册人或者备案人应当对其提交材料的真实性负责。省级以上人民政府食品药品监督管理部门应当及时公布注册或者备案的保健食品目录，并对注册或者备案中获知的企业商业秘密予以保密。

3. 标签、说明书及广告的要求

保健食品的标签、说明书不得涉及疾病预防、治疗功能，内容应当真实，与注册或者备案的内容相一致，载明适宜人群、不适宜人群、功效成分或者标志性成分及其含量等，并声明"本品不能代替药物"。保健食品的功能和成分应当与标签、说明书相一致。

保健食品广告内容应当真实合法，不得含有虚假内容，不得涉及疾病预防、治疗功能，还应当声明"本品不能代替药物"；其内容应当经生产企业所在地省、自治区、直辖市人民政府食品药品监督管理部门审查批准，取得保健食品广告批准文件。省、自治区、直辖市人民政府食品药品监督管理部门应当公布并及时更新已经批准的保健食品广告目录以及批准的广告内容。保健食品标志的颜色为天蓝色图案，图标下半部分有保健食品字样。

4. 保健食品的生产经营

和其他食品一样，保健食品的生产经营活动也须获得行政许可。保健食品生产企业应当按照注册或者备案的产品配方、生产工艺等技术要求组织生产。生产保健食品的企业，应当按照良好生产规范的要求建立与所生产食品相适应的生产质量管理体系，定期对该体系的运行情况进行自查，保证其有效运行，并向所在地县级人民政府食品药品监督管理部门提交自查报告。任何组织或者个人有权举报保健食品生产经营中的违规行为，有权向有关部门了解保健食品质量安全信息，对保健食品监督管理工作提出意见和建议。

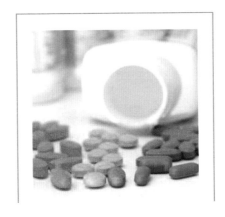

CHAPTER TWO

第二章

保健食品消费误区和陷阱

本章要点：

- 误区一：保健食品能治病，可替代药物
- 误区二：保健食品没有坏处
- 误区三：进口保健食品肯定好
- 误区四：迷信商家的广告宣传
- 陷阱一：免费诱饵
- 陷阱二：亲情攻势
- 陷阱三：迷信"专家"
- 陷阱四：买保健品能发财

上海市消费者权利保护委员会的数据统计发现，每年有大量保健食品的消费维权投诉，而其中有很大一部分是因为消费者对保健食品存在以下这些认识误区而发生的。

误区一：保健食品能治病，可替代药物

因为听一家生物科技公司的推销员介绍，该公司的产品——"多糖初乳粉"有增强免疫力，没癌防癌，有癌治癌的神奇功效，秦阿姨和她的老伴从 1997 年就开始购买并食用。十几年间，夫妻两共为此几乎花光了 12 万元的积蓄。然而，癌还是来了，秦阿姨最近体检被查出患上了肠癌，而且已经发展到需要手术的程度。手术迫在眉睫，他们却拿不出手术费了。秦阿姨控诉该公司欺骗，这个"多糖初乳粉"既没能防癌，也没能治癌，希望"多糖初乳粉"的公司退还还没有拆封的价值 2 万多元的保健食品的货款来救急，却遭到了该公司的拒绝。

简评：很多消费者对保健食品存在认识上的误区，常认为吃了保健食品，不仅可以强身健体，还能防病治病。一些不良商家更是利用了消费者渴望健康、有病乱投医的心理，夸大保健食品的功能，误导和欺骗消费者。第一章的内容里专门讲到保健食品的概念，特别强调了它不是药品，不能代替药物起到治疗疾病的作用，只能调节身体机能，如提高免疫力等，因此不能对保健食品报以不切实际的期望。此外，随着年龄的增长，癌症的发病风险不断上升，为了预防癌症，建议老年人每年至少进行一次全面体检，以便及早发现，及早诊断，及早找医生寻求正规的药物或手术治疗，千万不要盲目依靠保健食品，听信虚假广告的宣传而错过了挽救生命的宝贵时间。

误区二：保健食品没有坏处

邓老伯和老伴都80多岁了，退休在家，身体硬朗，经济条件宽裕。但毕竟年纪大了，总有些身体上的小毛病，希望能通过一些办法来增强体质。当听说某品牌的灵芝粉能够提高免疫力，延年益寿，有病治病，无病防病，便满怀期待，花了几千元买了30多盒，准备还好增强一下体质。服用一段时间后，邓老伯总是觉得胃肠不适，并有腹泻，而他的老伴却没有任何不良反应。邓老伯觉得保健品总是好的，多吃不会有害处，在已出现腹泻的情况下仍然坚持连续吃了3个月，直到出现腹泻不止。再到医院询问医生后，他才了解到，原来保健食品是有适用人群的，而且每个人体质有很大差异，不一定人人适用。

简评： 从保健食品的定义看，其除了特定功能外，还具有针对特定人群，不能产生任何急性、亚急性或慢性危害的重要特征。不适用的保健食品服用后不但不能健身，反而会损害健康，因此，保健食品并不是任何人有病没病可以随便吃的普通食品。

误区三：进口保健食品肯定好

仲女士参加了一家公司组织的专家报告会。在会上，"专家"先是煞有介事的讲了一番国内国外如何解决脑中风康复问题，然后就开始推荐了一款某国进口的"溶栓片"。仲女士的爱人刚患过脑中风，现在要考虑如何康复。因此她很感兴趣，"专家"见机便不余余力地推销起来。专家告诉她，这是某国最好的保健品，绝对没有副作用，吃10天左右可以看到效果。这款"溶栓片"国内还没有正式卖，这次因为专家会的原因，公司特地带回一些，欲买从速。该保健品包装上全是看不懂的外文，就在专家的鼓动下，购买了半年的药量。不料，仲女士的爱人服用后出现了严重的头晕心慌症状。

简评： 现在社会上流行盲目迷信进口产品，对于进口药、进口保健食品更是倍加推崇。打着"进口、专利、高科技、绿色环保"甚至是一些社会名人、明星大腕、外国政要的旗号，吸引老年消费者，有意夸大宣传，将普通的商品宣传成高科技或绿色环保商品。提醒消费者，在进口货面前，一定要擦亮眼睛。国外也有不良商家，利用很多国内消费者不懂外文，浑水摸鱼。为保障广大国人的生命健康，国家对进口保健食品也有同样严格的管理，需要注册报批，获得批准文号，标上"蓝帽子"（保健食品标志）、中文标签和必要的说明。如果没有以上内容，说明是通过非正规途径进入国内市场，碰到假货的风险很大，消费者购买时千万要当心。

误区四：迷信商家的广告宣传

张阿姨患有慢性肺炎。一次在电视广告里看到一种"化纤维胶囊"，宣称治"老肺病"，90%以上见效，50%以上可彻底康复。同时有一段录像为该产品研发者某医科大学教授在一个科普教育巡展中作报告，介绍此胶囊的疗效如何显著如何神奇。张阿姨看了满怀希望，花了上万元购买服用。不料吃了一个月，发现完全没有效果。食药监部门调查后告诉张阿姨，原来是这家公司的宣传广告有问题，其申报并被批准的功能是"提高缺氧耐受力"，而广告中所宣称的功能属于任意夸大，是违法广告，严重欺骗和诱导了消费者，将被严厉处罚。

简评： 国家对保健食品的广告有严格规定，要求媒体在宣传时必须以食品药品监督管理部门批准的说明书的内容为准。《中华人民共和国广告法》也规定：食品、酒类、化妆品广告的内容必须符合卫生许可的事项，不得使用医疗用语或易与药品混淆的用语。特别规定在电视广告中，要打上"本品不能替代药物"的忠告语。而现实生活中，确实存在不少违法的、欺骗性的保健食品广告，据报道保健食品中70%以上存在夸大功效的现象。在此提醒消费者，对哪些吹得神乎其神的宣传，说乙肝、糖尿病、高血压、癌症等世界医学难题居然能通过服用保健品治愈的，是完全违背医学，满足患者急于想治愈、不想长期服药的心理，消费者一定要提高警惕，千万不要盲目迷信。

保健食品消费也是骗局横行的重灾区，一不小心，消费者就会落入不良商家精心设置的圈套或陷阱，老年人是最大的受害群体。有关部门统计显示，我国每年保健品的销售额约为2000亿元人民币，老年人消费占了50%以上。尽管媒体关于老年人高价购买保健品上当受骗的报道屡见不鲜，但仍阻止不了老年人购买保健品的热情。针对老年人推销保健品的骗局可谓是五花八门、层出不穷。

陷阱一：免费诱饵

　　罗女士退休已经多年，经常参加为老年人组织的集体活动。一次，一个朋友邀请她参加一家公司组织的聚会，有吃有喝还有玩，全部免费。当晚，罗女士应邀参加了那次聚会，那天场面很大，老年人有 200 多人，坐满了 20 桌，气氛热烈。大家一起吃饭，一起喝酒，还有人上台献歌献舞，好不热闹。当台上出现两位老年朋友现身说法时，一款"保健胶囊"就成了聚会的重点。这时每张餐桌上本来陪着的公司工作人员，都变成了推销员。在推杯换盏的氛围中，罗女士花去了几千元购买了几盒保健品。当然拿回家吃了以后没有看到任何效果。

　　点评：现在违法推销保健食品的手法越来越多，其中以"免费"为诱饵，让老年人上当受骗的手法最常见。通过免费旅游、免费抽奖、免费聚餐、吸引老年人参加，营造轻松快乐的环境，让老年人放松心理防线，再以免费体检来编造一些"疾病"，使老人们乖乖地掏钱出来。其实，天上不会掉馅饼，哪里都不会有免费的午餐。在此提醒消费者，在免费诱饵面前，不要轻信，掏钱购买前，要运用您的保健食品相关知识去鉴别，如 QS 标志、"蓝帽子"标志、批准文号等，并一定要索取正规发票，留下证据以备维权。

陷阱二：亲情攻势

身患糖尿病的尹大爷一个人生活，他老伴早就去世了，儿女也已成家。一天早锻炼时，一个姑娘走过来，边向尹大爷嘘寒问暖，边推销自己的保健品，非常热情，热络得像大爷的亲生女儿一样。尹大爷心里暖暖的，当即购买了一个疗程的保健品，并留下了自己的电话和地址。没想到，以后的几个月里，
这个销售员小姑娘每隔几天就给尹大爷打电话问候，有时还带着水果去看尹大爷。尹大爷也把她当做了女儿看待。为了帮助女儿，尹大爷隔三差五就买她保健品吃，屋子里都堆满了，但糖尿病并没有改善。医生也建议他不要再吃了。尹大爷边打电话给"女儿"说以后不买保健品了，还问已经买的是否能退。结果，刚才还热情的"女儿"顿时态度 180 度大转变，连说了几句不能退，就挂断电话，从此消失了。

点评： 现在我们国家很多城市老龄化非常严重，空巢、半空巢老人逐渐增多。老人们渴望交流、渴望亲情，因此对那些可以互相交流的场合、有家庭亲情的氛围非常享受，即使明知道可能会花钱买回许多不必要的保健食品，还是心甘情愿地参加。有些独居的老人，很希望与人交流，骗子们就抓住这一点搞感情促销。先是对老人家热情招呼，然后天天上门陪老人说话，还帮忙做家务，取得老人的信任后就开始推销价格不菲的产品。甚至把哪些上门的推销人员当做自己的子女一般关爱、同情，于是就有"开始相信，进而消费，最后上当"的这样一个陷阱循环。当然，这也是一个复杂的社会问题，需要政府、企业、社会合力来解决，如开设老年服务机构，为老人提供交流的场所平台，做好赡养、探望、慰问老人的工作，营造敬老尊老养老慰老的良好风气，规避相关不法行为。

陷阱三：迷信"专家"

一天，张老先生在邮箱里收到一封来自"老年人协会"的邀请信，请他免费参加专家体检活动。看到"老年人协会"的名头，张老先生对这次活动深信不疑。几天后，根据约定的时间，张老先生赶到了活动现场。那里有两名穿着白大衣、带着眼睛的老先生正在坐诊，为老人们进行身体检查。在做了一些量血压等简单检查后，这两位自称专家的人开始介绍养生知识及一款保健食品。在专家的鼓动下，张老先生购买了5盒。回到家中，曾经是医生退休的老伴仔细看了该保健食品的包装发现没有任何说明信息，属于"三无"产品。张老先生打电话给老年人协会，不料被告知该协会从未搞过此类活动，是有人假借他们的名义销售保健品。张老先生这才意识到上当。

点评：现在很多消费者都会在家庭邮箱里收到各种各样的、书面的、电话的"开会通知"，落款常常是冒充某某协会，或某某中心，根据国家有关部门的要求开展关爱活动或健康教育活动，而且都会强调有专家咨询。其实这些活动大都是一些不法商家假借名义举办的，保健食品推销会上的所谓专家也可能是请人扮演的。这类不法商贩在住宅小区、早市或公园推销药品、保健品或医疗器械，通过免费体检途径，无中生有或有意夸大老年人身体的健康隐患，从而达到推销药品的目的。提醒消费者，今后再遇到开会等活动通知，最好的办法就是拒绝。如果是正规途径组织的会议或讲座，必然会由居委会正式通知和召集。

买保健送
原始股？

陷阱四： 买保健品能发财

　　大连一家保健食品厂商曾宣称"健康投资"回报丰厚，只要购买该企业生产的保健食品，不仅可以获得包括境外旅游在内的各种丰厚赠品，更诱人的是可以获得大量该集团公司的原始股。证监部门表示，类似行为涉嫌变相、非法发行原始股，"买产品赠送原始股"的方式实际是在打相关政策的"擦边球"，但是，这也给证监部门和工商部门对其进行查处都带来了很大的难度。

点评： 总结分析老年人买保健品上当的原因，既有老年人健康保健需求高的方面，也有不良商家的推销手段越来越隐蔽、越来越具有欺骗性，监管存在盲区，相关部门监管不力等也是重要原因。问题的解决尚有待政府成立相应部门，配备人力物力财力，在医疗保健、服务、购物、文化生活、投资等方面为老年人做出正确引导，着力开展老年教育、保健休闲、体育锻炼、科学养生、法律咨询等方面的服务，丰富老年人生活，使老年人在身心健康、潜能发挥、融入社会，努力满足他们在以上各个方面的需求，同时也帮助他们提高防范欺骗的意识和自我保护的能力。

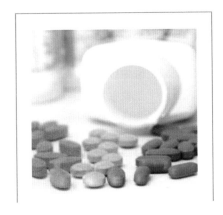

CHAPTER THREE

第三章

人体九大系统与血压、
血糖、血脂

本章要点：

- 人体九大系统简介
- 血压的调节
- 血糖的调节
- 血脂的调节

　　每个人都不想生病，渴望健康、期盼长寿。人们之所以需要和服用保健食品，很多是因为自我感觉身体的健康状况产生了或多或少的问题，但尚未达到需要求医问药的状态。由于缺乏医生或专业人士的指导，在购买保健食品难免会感到不知所措，无从选择，于是就会道听途说，盲目迷信，甚至上当受骗。消费者如果能掌握一些生命科学和医学保健的基本知识，那么求人不如求己，面对琳琅满目、五光十色的保健食品市场，就可以根据自己健康状况的需求，针对性地选择，理性地辨别，把维护自身健康的权利掌握在自己的手中。

　　目前保健食品的消费群体中，高血压、高血糖、高血脂这"三高"异常的消费者所占比例较大，基于这样的情况，我们将在本章内容中以心血管系统为重点，介绍健康人体各大系统的构成和功能，以及它们是如何通过协调运转，调节血压、血糖、血脂维持人体正常健康水平的。

一、人体九大系统

人体有九大系统，它们分别是运动系统、消化系统、呼吸系统、泌尿系统、生殖系统、内分泌系统、免疫系统、神经系统和循环系统（图3–1）。每个系统由相关的器官构成，共同完成一系列特定的生理功能。

运动系统由骨、关节和骨骼肌组成。骨骼肌附着于骨，在神经系统支配下收缩和舒张。骨骼肌收缩时，以关节为支点牵引骨骼而改变位置，这样，我们就可以进行每天的运动或者劳动。消化系统负责食物的摄入、消化和吸收，包括从口腔、食管、胃肠到肛门的整个消化道和消化管内外大大小小的消化腺。呼吸系统负责机体和外界进行气体交换，

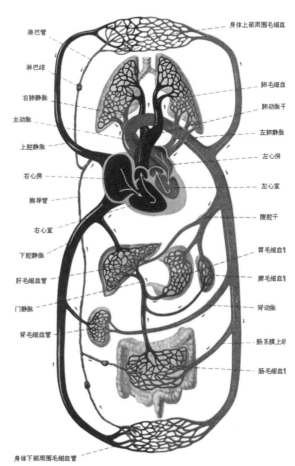

图3-1　人体循环系统

包括鼻、咽、喉、气管和肺。泌尿系统由肾、输尿管、膀胱和尿道组成，主要功能是排出机体新陈代谢中产生的废物和多余的液体，保持机体内环境的平衡和稳定。生殖系统的功能为繁殖后代、形成并保持第二性特征。内分泌系统包括甲状腺、甲状旁腺、肾上腺、垂体、松果体、胰岛、胸腺和性腺等，它们的功能是传递信息，与神经系统共同调节机体的生长发育和各种代谢，维持内环境的稳定，并影响行

为和控制生殖等。免疫系统是人体抵御病原菌和各种有毒有害物质侵犯最重要的保卫系统，由骨髓、胸腺、脾脏、淋巴结、扁桃体等组成。神经系统包括脑和脊髓和周围神经，负责控制和调节其他系统的活动，维持机体与外环境的和谐统一。

循环系统（也称心血管系统）是九大系统中的生命中枢，它是一套由心脏和血管所组成的封闭而精密的管道系统。心脏是系统的发动机，提供动力，血管则是系统中血液运输的管道。通过心脏节律性地收缩与舒张，推动血液在血管中按照一定的方向不停地循环流动，称为血液循环。它将人体从消化道吸收的营养物质和由肺吸进的氧输送到各组织器官并将机体的代谢产物通过同样的途径输入血液，经肺、肾排出。它还输送热量到身体各部以保持体温，输送激素到靶器官以调节其功能。血液循环是人体生存最重要的机能之一。由于血液循环，血液的全部功能才得以实现，并随时调整分配血量，以适应活动着的器官、组织的需要，从而保证了机体内环境的相对恒定和新陈代谢的正常进行。血液循环一旦停止，生命活动就不能正常进行，最后将导致机体的死亡。

二、血压及血压的调节

1. 什么是血压

通过前文对心血管系统的介绍，我们不难理解血压的概念。人体的心脏、血管之间相互连接，构成一个基本上封闭的"管道系统"。正常的心脏是一个强有力的肌肉器官，就像一个水泵，它日夜不停地、有节律地搏动着。心脏一张一缩，使血液在循环器官内川流不息。血液在血管内流动时，无论心脏收缩或舒张，都对血管内壁产生一定的压力。当血管扩张时，血压下降；血管收缩时，血压升高。当心脏收缩时大动脉里的压力最高，这时的血压称为收缩压（SBP），即"高压"；左心室舒张时，大动脉里的压力最低，称为舒张压（DBP），也称为"低压"。平时所说的"血压"实际上是指上臂肱动脉的血压测定值，是大动脉血压的间接反映。通常我们测血压右侧与左侧的血压可能会不一样，最高可相差 10 毫米汞柱，最低相差不到 5 毫米汞柱。

正常的血压是血液循环流动的前提，血压在多种因素调节下保持正常，从而提供各组织器官以足够的血量，以维持正常的新陈代谢。血压过低过高（低血压、高血压）都会造成严重后果，血压消失是人体死亡的前兆，这都表明血压对人体具有极其重要的生物学意义。

2. 血压的单位是什么

kPa（千帕）或 mmHg（毫米汞柱），用水银血压计来测量血压时用水银柱的高度"毫米汞柱"来表示血压的水平。

1mmHg（毫米汞柱）= 0.133kPa（千帕斯卡）

7.5mmHg（毫米汞柱）= 1 kPa（千帕斯卡）

3. 血压的正常值应该是多少

正常血压范围：收缩压在 90mmHg 与 140mmHg 之间，舒张压在 60mmHg 与 90mmHg 之间。

4. 血压应该如何测量呢

血压的检测很重要，尤其是血压不稳定或已经是高血压的患者，一定要经常测定自己的血压。目前临床诊断高血压和分级的标准方法是在医疗机构由医护人员在标准条件下按统一的规范进行测量。具体的要求如下：

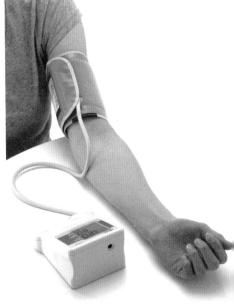

（1）测量环境应安静、温度适当。测量前至少休息 5 分钟。测前半小时禁止吸烟，禁饮浓茶或咖啡，小便排空。避免紧张、焦虑、情绪激动或疼痛。

（2）被测者坐位，测右上臂，全身肌肉放松，肘部置于心脏同一水平上。

（3）袖带的气囊应环绕上臂的 80%，袖带下缘应在肘弯上 2.5 厘米。将听诊器胸件置于袖带下肘窝处肱动脉上（不可将听诊器胸件置于袖带里），轻按使听诊器和皮肤全面接触，不要压得太重。

（4）快速充气气囊，压力应达到桡动脉脉搏消失，再升高 30 毫米水银柱（mmHg）然后缓慢放气，使水银柱以恒定的速度下降（2 ~ 5mmHg/ 秒）。

以听到第 1 个响声时水银柱凸面高度的刻度数值作为收缩压；以声音消失时的读数为舒张压。取得舒张压读数后，快速放气至零水平。

（5）重复测 2 次，每次相隔 2 分钟。取 2 次读数的平均值记录。如果 2 次读数的收缩压或舒张压读数相差大于 5mmHg，应再隔 2 分钟，测第 3 次，然后取 3 次读数的平均值。

很多情况下，受测者需要采用在家中或其他环境里给自己测量血压。自测血压经济方便灵活，可经常进行，以便随时了解治疗过程中血压的变化。

自测血压的方法：可以采用水银柱血压计或符合国际标准（ESH 和 AAMI）的上臂式全自动电子血压计。不推荐使用半自动、手腕式和指套式电子血压计。自测血压时，也以 2 ～ 3 次读数的平均值记录，同时记录测量日期、时间、地点和活动情况。自测血压值一般低于在医疗机构检测的血压值。目前尚无统一的自测血压正常值，推荐 135/85mmHg 为正常上限参考值。

延伸
阅读

血压是如何调节的

血压是一个很敏感的生理指标，影响血压的因素很多，如身高、年龄、体位、血液黏度、血管状况、精神情绪、饮食运动、环境温度、药物、天气等因素都可以影响血压的高低。身材越高，年龄越大，血液越黏稠，血管越变窄，心脏便需要更大压力泵出血液。因受重力原理影响，人体站立时血压高于坐姿血压，而坐姿时的血压又高于平躺时之血压。

从生理的机制上而言，凡能影响心输出量、血管外周阻力、循环血量的因素都能影响血压。血压主要在中枢神经系统的整合作用下进行调节的，此外还涉及肾上腺、垂体等激素分泌和肾功能状态、体液平衡等因素的影响。在神经体液调节下，凡能引起心输出量改变的因素也常引起血管外周阻力的改变，呈现血压的相应升降。因外界刺激出现的血压变动，可通过神经体液的调节机制，保持动脉血压的稳定。

三、血糖及血糖的调节

1. 血糖是什么，它从哪里来

血糖指血液中的葡萄糖。体内各组织细胞活动所需的能量大部分来自葡萄糖，血糖必须维持一定的水平才能满足体内各器官和组织的需要。食物中的碳水化合物经过消化系统消化分解为葡萄糖等，再吸收进入血液运送到全身细胞，血糖作为能量的来源，一部分则转化为肝糖原或肌糖原分别储存在肝脏和肌肉中。但是，细胞储存肝糖原的能力是有限的，如果摄入过多葡萄糖，多余的糖即会转变为脂肪。两餐之间，储存的肝糖原可分解成葡萄糖，维持血糖的正常浓度。在剧烈运动或者长时间没有补充食物情况下，肝糖元也会很快消耗尽，此时细胞将分解脂肪来供应机体所需要的能量。人的大脑和神经细胞必须由葡萄糖来提供能量，在必要时人体还可将自身（如肌肉、皮肤，甚至脏器）的蛋白质转化为葡萄糖，以保证能量的供给来维持生存。

2. 谁来调节血糖水平的稳定呢

血糖的调节是由一对相互矛盾的激素来负责的，即胰岛素和胰高血糖素。当血糖水平降低时，人体胰腺中的胰岛 α–细胞分泌胰高血糖素，动员肝脏中储备的糖原，分解成葡萄糖释放入血液，使血糖水平上升；当血糖水平过高时，胰腺中的胰岛 β–细胞则分泌胰岛素，促进葡萄糖转变成肝糖原储备或者进入组织细胞被利用。糖尿病患者就是因为胰岛 β–细胞分泌胰岛素的能力越来越弱，体内的胰岛素含量越来越少，无法降低血糖从而导致了糖尿病的发生。

3. 血糖的正常范围是多少

健康状态下，一般空腹血糖为 3.9～6.1mmol/L(70～110mg/dl)，餐后 2 小时血糖小于 7.8 mmol/L (140 mg/dl)。

4. 血糖是如何测出来的

如果想了解自己的血糖水平，可以到医院或体检机构抽取静脉血进行测定，也可以用便携式血糖检验仪自我检测，尤其是糖尿病患者更应该自备一台，定期监测血糖水平。家用便携式血糖仪的使用一般都非常方便简单，一分钟就可以显示结果。

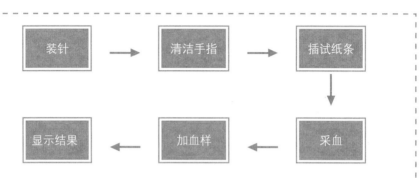

注意：清洁手指时，用酒精棉球进行消毒；采血时先温暖并按摩手指以增加血液循环，将手臂短暂下垂，让血液流至指尖，然后用拇指顶紧要采血的指间关节，再用采血笔在指尖一侧刺破皮肤。刺皮后勿加力挤压，以免组织液混入血样，造成检测结果偏差。

5. 哪些环境因素可影响血糖水平

一天之中，血糖水平并不是恒定不变的，而是存在着与进餐有关的规律的日间波动，除此之外，血糖水平还会受到以下环境因素的影响。

（1）气候：冬季的寒冷刺激可以促进肾上腺素分泌，肝糖原分解增加，夏季炎热多汗，血液浓缩，可引起血糖水平升高。

（2）感染、外伤、手术、发热、严重精神创伤、呕吐、失眠、生气、焦虑、烦躁、劳累，以及急性心梗等应激情况，可使血糖迅速升高，甚至诱发糖尿病酮症酸中毒。

（3）工作环境、生活环境的突然变化，可导致机体暂时性适应不良，引起血糖上升。

（4）饮食：进食的食物状态、食物的血糖生成指数大小均可影响血糖水平（表3-1）。

表 3-1　常见食物的血糖生成指数

食物名称		血糖生成指数	食物名称		血糖生成指数
主食	馒头	88	水果	西瓜	72
	白米饭	83		菠萝	66
	面条（白面）	82		葡萄干	64
	烙饼	80		芒果	55
	油条	75		香蕉	52
	全麦面包	69		猕猴桃	52
	小米粥	61		葡萄	43
	面条（荞麦）	59		柑橘	43
	黑米饭	55		苹果	36
	荞麦	54		梨	36
	玉米面粥	51		桃子	28
	藕粉	33		柚子	25
蔬菜类	煮红薯	77		李子	24
	南瓜	75		樱桃	22
	胡萝卜	71	豆类	扁豆	38
	煮土豆	66		豆腐	32
	山药	51		绿豆	27
	蒸芋头	48		黄豆	18
	扁豆	38		蚕豆	17
	四季豆	27	糖类	葡萄糖	100
	其他各种绿色蔬菜	<15		棉白糖	84
奶制品	冰激凌	61		蜂蜜	73
	酸奶	48		方糖	65
	牛奶	28		巧克力	49

延伸
阅读：

食物的血糖生成指数（GI）

　　上文提到血糖生成指数可影响血糖水平，接下来就给大家介绍一下这个概念。食物的血糖生成指数（GI）表示某种食物能够引起人体血糖升高多少的能力。根据世界卫生组织（WHO）和世界粮农组织（FAO）对血糖生成指数的定义，食物 GI 值是指进食含 50g 碳水化合物的待测食物与食用等量碳水化合物标准参考物后 2 小时内血糖应答曲线下面积（AUC）之比。其公式为：

$$GI = \frac{含\,50g\,碳水化合物试验食物餐后\,2\,小时血糖应答曲线下面积}{等量碳水化合物标准参考物餐后\,2\,小时血糖\,应答曲线下面积} \times 100$$

　　高 GI 的食物，进入胃肠后消化快、吸收率高，葡萄糖释放快，葡萄糖进入血液后峰值高，也就是血糖升的高；低 GI 食物，在胃肠中停留时间长，吸收率低，葡萄糖释放缓慢，葡萄糖进入血液后的峰值低、血糖升高的速度也慢，简单说就是血糖比较低。

　　利用 GI 值可以帮助人们科学的选择食物，对于调节和控制人体血糖水平大有好处。只要有一半的食物从高 GI 替换成低 GI，就能获得显著改善血糖的效果。GI 不仅可指导糖尿病患者选择食物，降低高血糖的发生，还可以用于控制体重及慢性病。

四、血脂和血脂的调节

1. 血脂是什么

很多人体检时都会关心化验单上的血脂结果，想知道自己的血脂高不高。化验单上和血脂有关的项目一般包括甘油三酯、总胆固醇、HDL-C、LDL-C等。这些指标都是什么意思呢？这里给大家简单讲解一下。

血脂是血浆中的中性脂肪（甘油三酯）和类脂（磷脂、糖脂、固醇、类固醇）的总称。血浆脂类含量虽只占人体全身脂类总量的极小一部分，但外源性和内源性脂类都须经进血液转运于各组织之间。因此，血脂水平可以反映体内脂类代谢的情况。众所周知，脂类不溶于水，为了能在血液环境中转运，必须与载脂蛋白、磷脂等结合，组装成表面能溶于水的复合体颗粒，这种复合体颗粒就叫做脂蛋白（图3-2）。

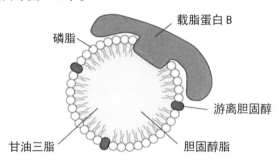

图 3-2　脂蛋白

血浆中脂蛋白的种类很多，它们所含蛋白质和脂类的种类及比例不同，所形成的脂蛋白颗粒大小、密度、表面负荷、电泳表现和免疫特性也不同，根据其密度和颗粒的大小，可分为乳糜微粒（CM）、极低密度脂蛋白(VLDL)、中密度脂蛋白(IDL)、低密度脂蛋白(LDL)和高密度脂蛋白(HDL)。另一种脂蛋白称为脂蛋白（a）[Lp（a）]。血浆总胆固醇、低密度脂蛋白、甘油三酯和脂蛋白（a）的升高与高密度脂蛋白的降低都是动脉粥样硬化的危险因素。尤其是氧化型LDL是动脉粥样硬化的独立危险因素。化验单中的HDL-C和LDL-C表示高密度脂蛋白及低密度脂蛋白中胆固醇的检测结果，分别反映了高密度脂蛋白及低密度脂蛋白的水平。表3-2中列举了各类脂蛋白的密度、分别是在哪里组装而成的，以及它们的作用。

表 3-2 血浆脂蛋白的特性及功能

脂蛋白分类	密度（g/ml）	来源	主要作用
乳糜微粒（CM）	<0.95	小肠合成	将食物中的甘油三酯和胆固醇从小肠转运至其他组织
极低密度脂蛋白（VLDL）	<1.006	肝脏合成	转运甘油三酯至外周组织，经脂酶水解后释放游离脂肪酸
中密度脂蛋白（IDL）	1.006~1.019	VLDL中甘油三酯经脂酶水解后形成	属于LDL前体
低密度脂蛋白（LDL）	1.019~1.063	VLDL和IDL中甘油三酯经脂酶水解后形成	胆固醇的主要载体，经LDL受体介导摄取而被外周组织利用，与冠心病相关
高密度脂蛋白（HDL）	1.063~1.210	肝脏和小肠合成，CM和VLDL脂解后表面物衍生而成	促进胆固醇从外周组织转移到肝脏代谢，与冠心病负相关
脂蛋白（a）[Lp（a）]	1.05~1.12	肝脏合成后与LDL形成复合物	可能与冠心病相关

2. 血脂的正常范围是多少

总胆固醇：2.8 ~ 5 .17mmol/L

甘油三酯：0 .56 ~ 1.7mmol/L

高密度脂蛋白：男性：0 .96 ~ 1.15mmol/L；女性：0 .90 ~ 1.55mmol/L

低密度脂蛋白：0 ~ 3.1mmol/L

上述各指标数值因各个医疗单位检测方法、实验条件差异可能会出现不完全相同的正常值，但是在一般情况下，检测单位在化验单上都会标有正常参考值，可对比测定的各项指标是否在正常范围内。

血脂水平是如何调节的?

正常情况下，外源性血脂（食物摄入的）和内源性血脂（肝脏合成的）相互制约，共同维持着人体的血脂代谢平衡。当人体从食物中摄取了脂肪后，血脂水平会有所升高；但由于外源性血脂水平的升高，肝脏内的脂肪合成便会受到一定的抑制，从而使内源性血脂分泌量减少。相反，如若在进食中减少外源性脂肪的摄取，那么人体的内源性血脂的合成速度便会加快，从而可以避免血脂水平偏低，这样能使人体的血脂水平始终维持在相对平衡和稳定的状态。

血脂在正常情况下是趋于稳定状态的，其水平变化主要与体内脂肪含量的多少及机体动用脂肪的程度有关，这反映了人体脂肪代谢方面的情况。研究表明，肥胖人群的血脂含量明显高于正常组，随着肥胖程度的增加，血脂含量呈上升趋势。进餐后，特别是进食高脂膳食后，血脂升高；短期饥饿也可因储存脂肪的大量动员，血脂含量也会暂时性升高。若是长期受到不良膳食因素的影响，如高脂肪、高热量饮食等，则会造成血脂升高，诱发相关的慢性病，如高血压、冠心病、脑卒中等。

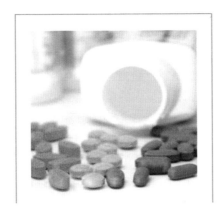

CHAPTER FOUR

第四章

高血压

本章要点：

- 辅助降血压保健食品中常见的功效成分
- 功效成分的作用机制
- 适宜人群及常见误区

一、什么是高血压

高血压是世界最常见的心血管疾病，也是最大的人群流行病之一，常引起心、脑、肾等脏器的并发症，严重危害着人类的健康。按照 1999 年《中国高血压防治指南》的标准，正常成人的血压范围为：收缩压 <130 mmHg，舒张压 <85 mmHg。血压在收缩压 ≥ 140mmHg 和（或）舒张压 ≥ 90mmHg 即可诊断为高血压。

二、高血压是怎么发生的

1. 遗传：高血压有较明显的遗传性。父母有高血压，其子女患高血压的机会要比父母血压正常的子女要大得多。

2. 超重或肥胖：超重或肥胖者患高血压的机会要比体重正常者高出 2 ~ 4 倍。

3. 高盐膳食：盐的摄入和患高血压的机会是成正比例的，即每天摄入的盐越多，患高血压可能性越大。

4. 高脂血症：血液中过量的胆固醇和脂肪会引起动脉粥样硬化，动脉粥样硬化不仅会在大血管而且在小血管甚至毛细血管都会发生，进而会导致高血压。

5. 吸烟：烟中有害物可损伤动脉血管的内膜，引起动脉粥样硬化并刺激交感神经引起小动脉收缩，从而使血压升高。吸烟者患高血压的比例远高于不吸烟者。

6. 过量饮酒：饮酒量越大，血压就越高，长期过量饮酒还能引起顽固性高血压，且酒精还能使患者对降压药物的敏感性下降。

7. 心理因素：长期工作劳累、精神紧张、睡眠不足、焦虑、恐惧和抑郁等均能引起高血压。

8. 缺乏体育锻炼：长期缺少体力活动，如静坐生活方式。

三、高血压对人体有什么危害

高血压作为最为常见的心血管疾病，其危害是巨大的。它是冠心病、心肌梗塞的主要诱因，血压长期居高不下会对人体的心、脑、眼、肾等靶器官造成严重的损害，还有可能会引发大面积脑出血、脑梗塞、心肌梗塞、心力衰竭、主动脉夹层、肾衰竭、心律失常等。

临床上应用降压药来降低血压不仅非常重要而且也完全必要，但不能彻底解决高血压的治疗问题。高血压是一种生活方式病，生活方式和生活习惯的调节在治疗过程中具有非常重要的位置，使用功能性的营养保健品来辅助降血压也是可以起到比较好效果的。

四、如何预防和控制高血压

1. 减少食盐摄入量：高血压病患者每天摄入盐量应少于 5 g，大约小汤匙每天半匙，尤其对盐敏感的患者要更少。

2. 保证合理膳食：高血压病患者饮食应限制脂肪摄入，少吃肥肉、动物内脏、油炸食品、糕点、甜食，多食新鲜蔬菜、水果、鱼、蘑菇、低脂奶制品等。

3. 戒烟、限酒：吸烟可以使血压升高，心跳加快。尼古丁作用于血管运动中枢，同时还使肾上腺素分泌增加，引起小动脉收缩。长期大量吸烟，可使小动脉持续收缩，久之动脉壁变性、硬化、管腔变窄，形成持久性高血压。

4. 控制体重，适量运动：适当的体育锻炼可增强体质、减肥和维持正常体重，一般来说，可选择户外散步、慢跑、打太极拳、气功等节律慢、运动量小的项目，且以自己活动后不感到疲倦为度。

5. 注意心理、社会因素：高血压病患者应注意劳逸结合、保持心情舒畅，避免情绪大起大落。

6. 增加钾和钙的摄入量：研究发现，摄取的钙盐不足，特别是在血钾降低、血钠水平上升，或长期进食钠盐过多时，就会引起血压上升。因此，为防治高血压，应强调适当补钙。高血压常用药钙离子拮抗剂能阻抑细胞外钙离子进入细胞内，所以能有效降压。

7. 定期测量血压：定期测量血压是早期发现高血压的有效方法。对有高血压家族史的人，从儿童起就应定期检查血压。

五、辅助降血压的保健食品中有哪些功效成分

据国家食品药品监督管理总局官方网站公布，截至 2015 年 6 月 11 日登记注册批准辅助降血压的国产保健食品有 78 个。在已批准的 "辅助降血压" 功能的保健食品中，产品大多与辅助降血脂、改善睡眠、抗氧化、辅助降血糖等功能搭配，大多辅助降血压物质也具有降血脂的功能。

1. 中药成分

中药组方中常用的材料有杜仲、丹参、葛根、三七、昆布、薤白、槐花、天麻、藜蒿、山楂、泽泻、绿茶、菊花、黄精、牛膝、槐米、桑叶、灵芝、黄芪、沙棘、木瓜、牡蛎、川芎、杜仲叶、罗布麻、天麻粉、苦丁茶、绞股蓝、银杏叶、酸枣仁、决明子、生地黄、莱菔子、地骨皮、桑白皮、益母草、女贞子、怀牛膝、川牛膝、红曲粉、卵磷脂、壳聚糖、熟地黄、牛磺酸、首乌藤、乌龙茶、制何首乌、罗布麻叶、铁皮石斛等。在剂型上以中草药为原料的胶囊、茶饮、提取物冲剂最为常见。常见的组分及作用机理见表4-1。

表 4-1 辅助降血压功能的中药组方作用机理

中药成分	主要有效成分	作用机理
杜仲	松脂醇二葡萄糖苷等 27 种木脂素类化合物、芦丁和槲皮素等	补肝肾，强筋骨，加强人体细胞物质代谢，防止肌肉骨骼老化，平衡人体血压，分解体内胆固醇，降低体内脂肪，恢复血管弹性，利尿清热，兴奋中枢神经，提高白血球数量，增强人体免疫力等显著功效。它对原发性高血压和肾性高血压都有一定的功效
葛根	葛根素、葛根素本糖甙、大豆异黄酮、大豆甙元、氨基酸、微量元素、三萜类物质碱等	具有滋补营养、养颜护肤、延缓衰老、改善骨质疏松、调节雌激素水平、清除体内垃圾，以及改善循环、降脂减肥、调节血压等多种保健功能。葛根中的总酮能增加脑及冠状动脉的血流量，对动物和人体的脑循环有明显的促进作用
三七	总皂甙	能够缩短出血和凝血时间，具有抗血小板聚集及溶栓作用；能够促进多功能造血干细胞的增殖，具有造血作用；能够降低血压，减慢心率，对各种药物诱发的心律失常均有保护作用；能够降低心肌耗氧量和氧利用率，扩张脑血管，增强脑血管流量；能够提高体液免疫功能，具有镇痛、抗炎、抗衰老等作用；双向调节血糖、降低血脂、胆固醇、抑制动脉硬化
罗布麻	总黄酮类	具有治疗高血压；眩晕；头痛；心悸；失眠；肝炎腹胀，肾炎浮肿
山楂	糖类、蛋白质、脂肪、维	能防治心血管疾病，具有扩张血管、增加冠脉血流量、改善心脏活力、兴奋中枢神经系

（续表 4-1）

中药成分	主要有效成分	作用机理
	生素C、胡萝卜素、淀粉、苹果酸、枸橼酸、钙和铁等物质	统、降低血压和胆固醇、软化血管及利尿和镇静作用；有强心作用，对老年性心脏病有益处；胃溃疡、十二指溃疡、胃酸过多的病人，不宜吃山楂等含有机酸过多的水果
天麻	天麻素等	镇静、镇痛的作用，可以增加脑血流量，降低脑血管的阻力，较轻微的收缩脑血管等功效，能降低血压，减缓心律，对心肌缺血起到保护的作用
丹参	丹参酮等	具有抗血小板凝聚、降低血液黏度及调节内外凝血系统的功能，是一种安全又可靠的治疗心脏血管疾病的天然中药。但是丹参不可和阿司匹林一起服用
银杏叶	黄酮类活性物质46种，微量元素25种，氨基酸8种	具有溶解胆固醇，扩张血管的作用，对改善脑功能障碍、动脉硬化、高血压、眩晕、耳鸣、头痛、老年痴呆、记忆力减退等有明显效果
决明子	蒽醌、吡酮类、多糖、氨基酸和微量元素等	降血压作用、降血脂作用、增强免疫功能等用于小便不利，水肿胀满，泄泻尿少，痰饮眩晕，热淋涩痛，高脂血症
泽泻	三萜类化合物、倍半萜类化合物等	用于小便不利，水肿胀满，泄泻尿少，痰饮眩晕，热淋涩痛，高脂血症

2. 与辅助降血压相关的其他物质（表 4-2）

表 4-2　辅助降血压功能的其他物质作用机制

其他物质	主要有效成分	作用机理
黄酮类	黄酮、黄酮醇、二氢黄酮、异黄酮等	可以减少过氧化脂质对血管的危害，阻止血管硬化，有效降低甘油三酯含量，减少血小板聚集，改善微循环，从而缓解过高的血压
几丁聚糖	又名甲壳素	几丁聚糖是带正电荷的动物纤维性物质，能活化血管细胞，兴奋副交感神经使小动脉扩张，软化血管、改善微循环，降低外周血管阻力，从而降血压
矿物质	锌、钙、镁、钾等	高锌低镉、高钾低钠对血管稳定有着密切和直接的作用；钙维持平滑肌细胞内外钙代谢的平衡，避免血管平滑肌痉挛，从而有效预防血管硬化，降低血压；镁能稳定血管平滑肌细胞起到降压的作用
抗氧化剂	原花青素（OPC）、番茄红素、β-胡萝卜素等	能协同降低血压，帮助减少药物的副作用

补充：辅助降血压的必要性在于三个方面：一是对于临界高血压（血压在 140/90 毫米汞柱上下）人群而言，医学上也有建议不立即进行药物治疗，而是采取饮食调节和保健疗法，只要重视和坚持调理完全可以有效地达到控制和降低血压到正常水平的目的；二是对治疗药物起到协同增效的作用，在不改变原有治疗方案的基础上适当使用营养保健品来帮助降低血压，特别是帮助稳定血压；三是要减少高血压给人体带来的器质性损害，减少治疗药物对人体造

成的损害。药物的副作用不能忽视，如果出现严重的药物不良反应，生活质量会明显下降，加重心、脑、肾等靶器官的损害，预后较差。因此，国际医学界已经将高血压的治疗要点定义为"稳定－降低－减少和缓和副作用"三元一体。

六、适宜人群和不适宜人群说明

1. 适宜人群

一般而言，血压偏高和患有高血压病的人适宜服用"辅助降血压"功能的保健食品。保健食品适合原发性高血压患者服用，继发性高血压服用效果不理想；患病时间越短、血压越接近正常范围，血压控制情况越理想。食用保健食品辅助降血压应以舒张压下降 ≥ 10mmHg 或降至正常，收缩压下降 ≥ 20mmHg 或降至正常为有效标准；应以平稳血压、延长发病周期、逐步减少对药物的依赖为保健目的。

2. 不适宜人群

国家规定，"辅助降血压"功能保健食品的"不适宜人群"为少年儿童。

七、认识高血压有哪些误区

"我现在血压已经在正常范围里，不要吃药了，是药三分毒。"

高血压病人服药应该是终生的，服用"辅助降血压"功能的保健食品不能替代药物。现已研究证实，血压经常波动对人体危害很大，甚至比轻、中度高血压的危害还要大，而治疗上最关键的是将血压波动控制在正常状态内，千万不能在血压控制后擅自停药或减量。

"没有出现头昏、无力的症状，血压肯定没问题。"

许多高血压病人在临床上并无症状，所以定期体检可以及早发现高血压，及早治疗。血压超过 140/90mmHg 要去正规医院就医。

"吃了高血压药就足够了，其他的不要注意了。"

应用降压药来降低血压非常必要，但不能彻底解决高血压的治疗问题。高血压是一种生活方式病，生活调节在它的治疗中占有十分重要的位置，如高血压与吃盐过多、体格肥胖、烟酒嗜好、活动较少等因素有关，通过生活调节，改变上述不良因素，血压往往会降至正常，从而避免了长期服药。

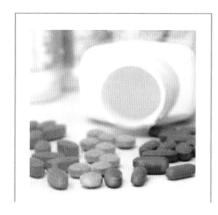

CHAPTER FIVE
第五章

高血糖

本章要点：

- 辅助降血糖保健食品中常见的功效成分
- 功效成分的作用机制
- 适宜人群及常见误区

一、什么是高血糖

当人体空腹（8 小时内没有任何食物摄入）血糖高于正常范围，称为高血糖，空腹血糖正常值 4.0 ～ 6.1mmol/L，餐后两小时血糖高于正常范围 7.8mmol/L，也可以称为高血糖，高血糖不是一种疾病的诊断，只是一种对人体血糖监测结果的判定，血糖监测是一时性的结果，所以偶尔一次测定是高血糖并不完全等同于糖尿病。

糖尿病的典型症状为三多一少——多尿、多饮、多食及消瘦和乏力。1999 年世界卫生组织（WHO）根据静脉血浆葡萄糖确定的糖尿病诊断标准如表 5–1。

表 5–1 糖尿病诊断标准（WHO1999）

	空腹血糖（mmol/L）	75g 葡萄糖负荷后 2h 血糖（mmol/L）
糖尿病	≥ 7.0，有症状一次可诊断，无症状 2 次异常才可诊断	≥ 11.1
糖耐量受损	<7.0	≥ 7.8 且 <11.1
空腹血糖受损	≥ 6.1 且 <7.0	<7.8
正常	<6.1	<7.8

二、高血糖是怎么发生的

（1）偶然的高血糖，血糖检查前如果食用大量的甜食，当然会出现血糖高的结果。所以检查出是高血糖，不要过于担心。间隔一段时间后，再次检查看看自己的血糖结果。

（2）不良生活习惯，现在的年轻人大多都很喜欢快餐类食品，不喜蔬菜和水果，长久的不良饮食习惯可能会导致血糖偏高。

（3）肥胖，目前临床用体重指数（BMI）来评价：<18.5 kg/m² 者为体重过低，18.5 ~ 23.9 kg/m² 为正常范围，≥ 24 kg/m² 为超重；≥ 28 kg/m² 为肥胖。肥胖和高血糖、高血脂、糖尿病都有密切的关系。有调查显示，肥胖，尤其是腹部肥胖的人患高血糖的比例是正常体型人的 4 ~ 5 倍。

（4）在排除了以上的引起高血糖的诱因之后，那么高血糖就极有可能是糖尿病的早期症状。目前糖尿病患病人群已经越来越年轻，甚至出现儿童糖尿病。所以，糖尿病患者一定要掌握的是，发现高血糖要及早诊断和治疗。

（5）遗传等原因也可以导致高血糖的发生。

三、高血糖对人体有什么危害

正常情况下，人体能够通过激素调节和神经调节这两大调节系统确保血糖的来源与去路保持平衡，使血糖维持在一定水平。但是在遗传因素（如糖尿病家族史）与环境因素（如不合理的膳食、肥胖等）的共同作用下，两大调节功能发生紊乱，就会出现血糖水平的升高。那么，高血糖究竟有哪些危害呢？

在短时间内、一次性的高血糖对人体无严重损害。比如在应激状态下或情绪激动、高度紧张时，可出现短暂的高血糖；一次进食大量的糖类，也可出现短暂高血糖；但是由于人体具有良好的激素功能，血糖水平会逐渐恢复正常。然而长期的高血糖会使全身各个组织器官发生病变，导致各种并发症的发生。如胰腺功能衰竭、胰岛素分泌减少、机体失水、电解质紊乱、营养缺乏、抵抗力下降、肾功能受损、神经病变、眼底病变等。因此，控制高血糖的发生非常重要。

人类的健康生活，与外环境（如饮食、空气、水等）和内环境（如血液、组织液等）的稳定密切相关。人体血糖过高正是破坏了人体的内环境，从而引起一系列生理病理的改变，影响了各个脏器的功能。由此可见，高血糖患者应当在医生的指导下，积极主动地将自己的血糖稳定在正常水平，防止或延缓并发症的发生。

四、如何预防和控制高血糖

1. 培养科学的饮食习惯

高血糖患者应培养科学的饮食习惯，在日常饮食中主要以米、面为主，另外要注意多吃粗粮。因为粗粮中既含有丰富的维生素和无机盐，又含有较多的膳食纤维，能有效地防止血糖吸收过快，还有降低胆固醇和甘油三酯、预防动脉硬化及防治便秘的作用。此外，多吃黄瓜能抑制体内糖类转变为脂肪，有降血糖和调整脂质代谢的功效；多吃香菇和木耳有降血糖和降血脂等作用；南瓜、苦瓜、洋葱等也有降低血糖，调节血糖浓度的功能，建议经常食用。

2. 增加活动量

高血糖患者应该保持一定的运动量，如每天坚持步行20分钟或以上，只要能持之以恒，就能有效地改善胰岛素抵抗和减轻体重。有很多的研究证明，经过科学、合理的运动锻炼，高血糖患者可以减少降糖药的用量，甚至可以完全脱离药物治疗，逐渐恢复成为一个正常的健康人。另外，在日常生活中应注意个人和环境卫生，养成良好的生活习惯

3. 自我放松与调节情绪

日常生活中由于生活和工作压力的增大，可以适当做一些放松运动，如

深呼吸、配合着轻松舒缓的音乐来松弛肌肉等等，这样有助于缓解压力，可以在一定程度上控制血糖。此外，还要学会调节情绪，增强自我效能感，从而克服对患病后产生的恐惧、消极等不健康心态，这也同样有助于血糖的控制。

4. 使用降糖药物或保健食品

对于高血糖严重的患者，如果仅采用饮食和日常保健来调理治疗很难达到降糖的效果，因为人体内的血糖过高，会引发一系列的并发症。因此，只有在临床上服用降糖药物才能有效地、快速地起到降糖的作用。此外，对于血糖并不是很高的消费者，可以在医生或专业人员的指导下选择性地采用降糖保健食品来进行调理，因为保健食品中含有各种功效成分，能比较有效地起到辅助降糖的效果，同时还能补充人体所需要的营养素。

五、辅助降血糖的保健食品中有哪些功效成分

辅助降血糖是指降低空腹血糖、餐后 2 小时血糖、糖化血红蛋白（或糖化血清蛋白）、血清胆固醇、血清甘油三酯，使其结果达到正常范围。据国家食品药品监督管理总局官方网站公布，，截至 2015 年 6 月 11 日登记注册批准辅助降血糖的国产保健食品有 300 个，进口保健食品有 13 个。

目前已知对降低血糖有效的成分中有萜类、肽、黄酮、糖类、胍类、硫醚、生物碱、香豆精和不饱和脂肪酸、矿物质等化合物类型。以下是市场上常见的一些有效成分名称及作用机理。

1. 降血糖多糖及寡糖

紫菜多糖、苦瓜多糖、人参多糖、黄芪多糖等均具有降血糖的功效（表 5-2）。这些降血糖多糖的原理不尽相同，如人参多糖可以引起血糖肝糖原降低，促进胰岛素释放；茶多糖还能修复 β - 胰岛细胞，增强分泌胰岛素的功能和降低肾上腺皮质激素分泌，以促进肝脏中血糖转化为糖元的联合作用；黄芪多糖对血糖及肝糖元有双向调节作用，既可保护低血糖又可抗高血糖。

表 5-2 含降血糖多糖的植物及其多糖类型

多糖类型	来源植物
葡聚糖	乌头、杨树菇、黄芪、关苍术、大麦、薏苡仁、灵芝、海带、稻、人参、甘蔗
葡萄甘露聚糖	甘蔗
半乳甘露聚糖	知母、大蝉草、青线柳、人参
甘露聚糖	山药
硫酸化岩藻糖	海带
杂多糖	乌头、杨树菇、沉香木、知母、黄芪、关苍术、木耳、积雪草、莼菜、红瓜、薏苡仁、虫草丝、山药、柿、麻黄、刺五加、葫芦巴、墨角藻、灵芝、舞菇、武靴叶、猴头、黄葵、白桦茸、香菇、紫草、枸杞、桑树、芭蕉、稻、人参、丹皮、牡丹、桑黄、紫菜、番石榴、南瓜、麦冬、大黄、黄精、高山红景天、甘蔗、羊栖菜、海藻、狼果、大豆、螺旋藻、黄酸枣、茶、椴、银耳、瓜蒌
黏多糖	秋葵、刚毛黄蜀葵、药蜀葵、山药、圆锥绣球花、东魁、车前草

2. 膳食纤维

从魔芋、车前子、燕麦等中提取，水溶性膳食纤维在肠内形成凝胶时，可减少血糖的吸收，从而降低空腹血糖和餐后血糖水平，改善耐糖量，增高组织胰岛素受体敏感性，既有利于病人的血糖控制，又能降低血清胆固醇浓度。非水溶性纤维虽然对血糖和血脂代谢无直接影响，但能促进胃肠蠕动，加快食物通过，减少吸收，所以可以间接降低血糖。此外，还可增加粪便体积，通便和减肥，作为减肥食品。

正常人膳食纤维的摄入量每日为 25g，糖尿病病人应增加到 30g 左右。

3. 黄酮类化合物

槲皮素、茶多酚、芦丁、花青素等都是黄酮类化合物。黄酮类化合物是一种强效的抗氧化剂；可防止过早衰老，增强血管弹性，抑制过敏及炎症，改善关节柔韧性，促进正常结缔组织的形成、强化体内毛细血管。增加毛细血管和静脉血流。有助于预防 2 型糖尿病引起的血管壁增厚（表 5-3）。

表 5-3　黄酮类化合物的主要作用效果

黄酮	主要作用效果
芹菜素	显著降低血糖水平，刺激胰岛素分泌
槲皮素	降低高血糖的血糖水平，具有镇痛作用
杨梅素	降低高血糖，改善高甘油三酯血症。
柚皮素	可降低血糖水平，降低甘油三酯。
灯盏花素	显著抑制白蛋白尿、肾小球肥大和小管间质性损伤
芦丁	显著降低血糖、增加胰岛素水平，增加抗氧化性
水飞蓟宾	抑制糖原异生和分解；清除自由基、防止脂质过氧化
原花青素	有抗血糖效果，配合少剂量的胰岛素时能够大大提高它的抗高血糖效果

4. 矿物质（微量元素）（表 5-4）

表 5-4　矿物质的主要作用效果

矿物质	主要作用效果
镁	2 型糖尿病患者体内通常会缺镁。补充镁可以改善胰岛素的分泌，并防止视网膜病变的发生。
锌	锌是体内代谢中多种酶的组成部分，参与胰岛素的合成，稳定胰岛素的结构，与胰岛素活性有关
钙	预防糖尿病患者常见的骨质疏松症状
铬	有助于预防和延缓糖尿病的发生，改善糖耐量，降低血糖血脂
锰	锰代谢障碍也可引起葡萄糖耐受性损害，因此应注意锰的补充

5. 维生素（表5-5）

表5-5 维生素的主要作用效果

维生素	主要作用效果
维生素B族	维生素B1作为许多酶的辅酶对人体正常的糖代谢有重要的作用，它还可抑制胆碱酯酶的活性
	维生素B6参与胰岛素的合成，防治糖尿病
	维生素B7（生物素）可帮助糖尿病患者控制血糖水平，并防止该疾病造成的神经损伤
维生素C	可抑制糖基化反应，降低2型糖尿病患者体内的山梨醇水平、改善2型糖尿病患者的葡萄糖耐受性，还可以预防微血管病变
维生素E	缺乏维生素E者更易患糖尿病，大多数2型糖尿病患者补充它可改善糖耐量。维生素E有很强的抗氧化作用，能清除大量自由基
辅酶Q10	血糖代谢的必需物质。可以促进胰岛素的合成和分泌，能够促进糖的利用和转化，防止糖分在体内蓄积，达到有效调节血糖的目的
肌醇	维持神经正常功能的必需物质，可能有助于改善糖尿病神经病变

如果购买针对高血糖问题的保健食品，除了注意是否有正规的批文，生产批号，更要注意针对症状，仔细阅读说明书，看是否含有目前已知的一些对降血糖明确有效的成分，可以参照以上的列表，有针对性的选购。

温馨提醒：如果需要保健食品，应该在医生或者专业人员的指导下在正规医院药房或药店选购。服用过程中严密观察不良反应，发现任何异常反应，都要报告医生。选购保健品要索取正规发票，服用后可保留一定的样品，以备必要时送检化验作为法律依据。

六、适宜人群和不适宜人群说明

1. 适宜人群

辅助降血糖功能的保健食品的适宜人群是血糖偏高的人。主要是患有糖尿病的人。

2. 不适宜人群

国家规定，辅助降血糖保健食品的"不适宜人群"为少年儿童。但是，也有一些辅助降血糖保健品由于含有一些特殊成分，有些患者并不一定适合服用，因此购买服用前请仔细阅读说明书。

七、认识高血糖有哪些误区

"血糖稍微高一点没有关系，我现在很好，没有什么感觉的"

点评： 这种认识是非常错误的。对于大多数的糖尿病患者在血糖稍微高于正常时，身体可以没有任何不舒服的感觉，因此忽视了对疾病的诊治；还有一些患者虽然已经知道自己的血糖高，却不主动接受治疗，不知不觉中就是在这稍微增高了一点的血糖却带来了各种各样的危害，如冠心病、中风、截肢、失明、尿毒症等等。当这些严重的糖尿病并发症发生时，一切悔之晚矣。

"吃具有辅助降血糖功能的保健食品可以代替降血糖的药物"

点评：保健食品决不能代替药品。就算是国家批准的辅助降血糖的保健品，也只是证明对血糖有一定调节作用。因此，患者必须在按医生指导下使用降糖药品的基础上酌情使用保健食品，不能随便停药，以保健食品代替药物进行治疗，否则后果严重。

点评：无糖食品就意味着"有利于控制血糖"或"低热量"吗？这种想法可是大错特错。一种食物能不能快速升高血糖，和其中是

"无糖食品不会升高血糖，可以放心吃"

否含糖没有绝对关系，关键在于它的营养成分和膳食纤维的构成特点。实验证明，白面包虽然不含糖，但它引起的血糖反应并不比纯葡萄糖逊色多少；不含糖的巧克力仍然含有大量脂肪；无糖点心、饼干一样有淀粉和油脂。这些都是高热量食品，吃了仍然会让人长胖。所以，关注健康的消费者还是不要过于依赖无糖产品，应多吃豆类、奶制品、粗粮、蔬菜，它们对控制血糖和体重效果比较好。

"经常吃保健品就够了，不用注意饮食和运动"

点评：辅助降血糖保健食品只是对血糖调节有一定的辅助作用，饮食和运动才是控制血糖的基本方法，保健食品甚至降血糖的药物则属于补救措施。没有饮食调节就没有血糖的理想控制。运动可促进胰岛素的功能、降低血糖，降低低密度脂蛋白、提高高密度脂蛋白、增强心肺功能、促进末梢循环。

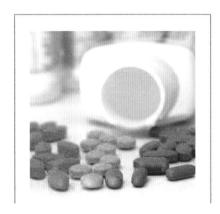

CHAPTER SIX

第六章

高血脂

本章要点：

- 辅助降血糖保健食品中常见的功效成分
- 功效成分的作用机制
- 适宜人群及常见误区

一、什么是"高血脂"

"高血脂"确切的讲，应该叫做血脂异常，这是一类较常见的疾病，与人体内脂蛋白的代谢异常有关，主要包括总胆固醇和低密度脂蛋白胆固醇、甘油三酯升高和（或）高密度脂蛋白胆固醇降低等。

目前，我国一般以成年人空腹血清总胆固醇超过 5.72mmol/L，甘油三酯超过 1.70mmol/L，诊断为高脂血症。将总胆固醇在 5.2~5.7mmol/L 者称为边缘性升高。

根据血清总胆固醇、甘油三酯和高密度脂蛋白胆固醇的测定结果，通常将高脂血症分为以下 4 种类型：

（1）高胆固醇血症：血清总胆固醇含量增高，超过 5.72mmol/L，而甘油三酯含量正常，即甘油三酯 <1.70mmol/L。

（2）高甘油三酯血症：血清甘油三酯含量增高，超过 1.70mmol/L，而总胆固醇含量正常，即总胆固醇 <5.72mmol/L。

（3）混合型高脂血症：血清总胆固醇和甘油三酯含量均增高，即总胆固醇超过 5.72mmol/L，甘油三酯超过 1.70mmol/L。

（4）低高密度脂蛋白血症：血清高密度脂蛋白胆固醇含量降低，<9.0mmol/L。

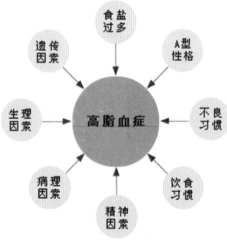

二、高血脂是怎么发生的

血脂异常除少数是由于全身性疾病所致的继发性血脂异常外，绝大多数是因遗传基因缺陷或与环境因素相互作用引起的原发性血脂异常。易感生活方式包括长期吸烟嗜酒、不良饮食习惯及缺乏体力活动、精神紧张、生活不规律等。不良饮食习惯指：

（1）摄入过多的肥肉、动物内脏、海鲜、食用油等，引起人体内胆固醇含量的增加。

（2）暴饮暴食，摄入过多的能量。如果摄入大量的糖类食品等也会造成血脂的升高，因此高血脂患者要控制淀粉类食品的摄入量，甜品等也应该尽量少吃。

（3）偏食、饮食不规律等。

药物因素包括长期服用噻嗪类利尿剂、β 受体阻滞剂、肾上腺皮质激素、口服避孕药等。继发性血脂异常指由于各种疾病继发引起的血脂异常，如糖尿病、甲状腺功能减退、肾病综合征、肾移植、胆道阻塞等。

三、高血脂对人体有什么危害

高脂血症如果长期得不到控制，最容易引发三类疾病：一是心脏疾病，包括心脏动脉硬化、冠心病、心绞痛或者心肌梗死；其次是脑血管疾病，主要是脑血管硬化导致脑血栓、脑出血；最后是肾脏疾病，肾动脉硬化很容易引发尿毒症。为防制上述心脑肾疾病的出现，对血脂的预防和治疗不可忽视。

辅助降血脂的保健食品首先应保证机体正常的代谢活动，产品对身体健康无明显损害，不得含有或者使用违禁药物。同时，符合辅助降血脂功能的指标要求，即该保健品能改善高脂血症，降低总胆固醇（TC）、甘油三酯（TG）、低密度脂蛋白（LDL）或升高高密度脂蛋白（HDL）。

四、如何预防和控制高血脂

（1）**定期检查血脂** 由于高血脂的发病是一个非常缓慢的过程，轻度高血脂通常没有任何不舒服的感觉，因此定期检查血脂非常重要。一般普通人可以每 2 年检查一次血脂；建议 40 岁以上的人每年要检查 1 次血脂；高血脂患者治疗期间请遵医嘱。

（2）**坚持服用降脂药物或保健食品** 血脂的改善是一个渐进的过程，也要定期检查血脂（一般 3 个月左右），以验证效果，并及时调整所服用产品的种类和剂量。

（3）**饮食要坚持"四低一高"原则** "四低一高"即低热量、低胆固醇、低脂肪、低糖食物和高纤维食物，所以应该少吃动物油、蛋糕、腰果、花生、巧克力等食物，多吃水果、豆类、芹菜等绿叶蔬菜类食物，可以更好地控制自身的血脂水平。饮食是甘油三酯的主要来源，对高甘油三酯血症和混合型高脂血症患者来说，调节饮食结构是非常重要的。

（4）**坚持运动，控制体重** 有氧运动可以促进脂肪的转化和脂肪代谢物的排出。有氧运动的强度可以心率为标准。运动者在 20 ~ 30 多岁的，运动时心率维持在每分钟 140 次左右，40 ~ 50 多岁的心率每分钟 120 ~ 135 次，60 岁以上的心率每分钟 100 ~ 120 次为宜。

（5）**保持良好心态** 尽量避免精神紧张、情绪过分激动、经常熬夜、过度劳累、焦虑或抑郁等不良心理和精神因素对脂质代谢产生不良影响。

五、辅助降血脂的保健食品中有哪些功效成分

据国家食品药品监督管理总局官方网站公布，截至 2015 年 6 月 11 日登记注册批准辅助降血脂的国产保健食品有 477 个，进口保健食品有 13 个。已批准保健食品中辅助降血脂常见的物质和功效成分有鱼油、银杏提取物、大豆提取物、葡萄籽提取物、苜蓿提取物、蜂产品（蜂胶、蜂花粉、蜂王浆等）、花粉（松花粉、蜂花粉）、大蒜提取物（大蒜素）、甲壳素、葵花、玉米、红花、月见草、沙棘籽、卵磷脂、山楂、芦荟、丹参、牛磺酸、茶多酚、苦荞粉、螺旋藻、决明子、EPA、DHA、红曲制剂、植物甾醇、γ - 谷维素、维生素、微量元素等。

1. 油脂类

（1）亚油酸类　亚油酸和 γ - 亚麻酸都是不饱和脂肪酸，人体自身不能合成，必须由饮食供给的，因此又称为必需脂肪酸。亚油酸可以与胆固醇结合成酯，然后降解为胆酸排出体外从而可以降低血浆中胆固醇，它们在葵花油、玉米油、红花油、月见草油中含量较高，而在动物脂肪中含量较少。

（2）其他多不饱和脂肪酸类　多不饱和脂肪酸也是人体必需脂肪酸，包括 α - 亚麻酸、DHA、EPA 等，其中 DHA 和 EPA 是由 α - 亚麻酸转化成的。α - 亚麻酸在亚麻（胡麻）、紫苏、沙棘中含量较高，也存在于一些藻类植物中。DHA 和 EPA 存在于一些海洋生物体内，目前主要多从海洋鱼类体内提取。中老年人、患有高血压、动脉硬化的人服用时需要补充维生素 E，以维护血管的稳定性。

（3）卵磷脂　卵磷脂及其水解产物胆碱对脂肪有亲和力和乳化作用，可以促进脂肪的代谢，使其排出体外，防止脂肪在体内的异常堆积。须注意的是，卵磷脂有利尿作用，因此，在干燥季节服用大豆磷脂类保健品时，应注意适当补充水分.

2. 中草药类

大量科学研究证明，中草药对高脂血症的治疗效果较好，常见的有山楂、何首乌、泽泻、决明子、大黄、灵芝、虎杖、参三七、蒲黄、红花、丹参、水飞蓟、女贞子、月苋草、茺蔚子、广地龙、虫草、荷叶、玉竹、桑寄生、麦芽、葛根、郁金、茵陈、银杏叶等。市场上常见的降血脂保健食品大都是以这些中草药为原料生产的。

3. 其他

像蜂产品、螺旋藻以及很多动植物提取物都有降血脂的作用，这与它们所含的功能因子有关。研究表明；很多功能因子都可以降血脂。

（1）膳食纤维 医学研究表明，饮食中的燕麦、玉米、蔬菜等食品有丰富的膳食纤维摄入，人体血液中的胆固醇会自然保持平衡。膳食纤维中的果胶可与胆固醇结合，木质素可与胆酸结合，使其直接从粪便中排出，减少机体对胆固醇的吸收。

（2）维生素 见表6-1。

表6-1 维生素辅助降血脂功能的主要作用效果

维生素	主要作用效果
维生素B3	能有效地分解脂肪，也可降低胆固醇的含量，增加高密度脂蛋白含量
维生素B5	能抑制甘油三脂酶活性，从多方面降低甘油三脂和极低密度脂蛋白水平，并能促进肝脏脂肪的分解代谢和胆汁的分泌，从而起到降血脂作用
维生素C	可在体内将胆固醇转变为能溶于水的硫酸盐而增加其排泄，维生素C还参与肝脏胆固醇的羟化作用，形成胆酸从而降低胆固醇含量
维生素E	作为体内的抗氧化剂，可抑制氧化型低密度脂蛋白的形成，增加高密度脂蛋白合成和提高卵磷脂胆固醇酰基转移酶活性，降低甘油三脂、β-脂蛋白及其比例

（3）矿物质　见表6-2。

表6-2　矿物质辅助降血脂功能的主要作用效果

矿物质	主要作用效果
镁	对血管有很好的保护作用，它可减少血液中胆固醇的含量，防止动脉粥样硬化
铜	有利于改善胆固醇代谢，降低血中胆固醇水平
钙	参与脂肪酶等的活性调节，补充足量的钙，不仅可以强健骨骼、牙齿，还可以帮助人体降低血液中总胆固醇
铬	能增加胆固醇的分解和排泄，还可抑制胆固醇合成，使血液中的胆固醇、甘油三酯及低密度脂蛋白水平下降和高密度脂蛋白水平增加
钒	可抑制胆固醇的合成，加速胆固醇的分解，降低血中胆固醇的水平
硒	可大量破坏血管壁损伤处聚集的胆固醇，使血管保持畅通，防止动脉硬化
碘	可被甲状腺利用合成甲状腺素，甲状腺素能促进脂肪的分解氧化、胆固醇的转化和排泄，降低胆固醇水平
锰	改善脂质代谢，阻止动脉硬化的发生和发展

（4）抗氧化剂　各种抗氧化剂都能够抑制脂质过氧化，从而起到降低血脂的作用。

由于辅助降血脂功能保健食品的种类比较复杂，因此消费者在选购时要根据自身的实际情况，明白自己需要的是哪一类的保健食品，不要道听途说、盲目选择，导致效果不佳、事倍功半的结果。

六、适宜人群和不适宜人群说明

1. 适宜人群

有高血脂家族史者；体重超重；中老年人；长期饮食过量者；绝经后妇女；长期吸烟、酗酒者；长时间坐着；生活无规律、情绪易激动、精神处于紧张状态者；患有肝肾疾病、糖尿病、高血压等疾病者。

2. 不适宜人群

辅助降血脂功能保健食品在说明书上会标明"不适宜人群"为少年儿童，根据少年儿童的生长发育需要的情况而确定的。

此外，某些具有降血脂作用的保健食品成分儿童是不能服用的。如多不饱和脂肪酸中的 DHA 与 EPA 含量比例为 2.5∶1 以上的，适用于青少年学生改善记忆。DHA 和 EPA 含量均等或 EPA 含量高于 DHA 的，只适用于中老年人降血脂，青少年不宜食用，服用 EPA 过多会影响性发育，可能会促进性早熟。

七、认识血脂的五大误区

"血脂偏高"、"胆固醇异常"是多吃少动的生活方式导致的。

不少人把血脂偏高、胆固醇异常简单地看作是多吃少动的生活方式带来的"富贵病"。它虽然与饮食运动有一定关系，但并不是只要忌口、多运动就能解决的。在导致以冠心病为主的心脑血管疾病的发生因素中，年龄、性别、冠心病家族史等也是重要的危险因素，而且这些因素是很难改变的。此外，同时患有高血压、糖尿病甚至有吸烟习惯等也是导致血脂升高，胆固醇异常的重要因素。很多体重较轻的人与严格素食者以为自己绝不会发生血脂偏高、胆固醇异常问题，其实，只要他有上述危险因素，都可能会出现高血脂症状。

血脂是血中所含脂质的总称，其中主要包括胆固醇和甘油三酯。引起严重危害主要是胆固醇异常，尤其是LDL-C(低密度脂蛋白)过高。如果血液中有过多的低

高血脂就是甘油三酯高，就是血黏度高、血流缓慢。

密度脂蛋白，沉积于动脉血管壁，就会形成粥样斑块。有斑块的血管狭窄或破裂就直接导致急性心梗、中风甚至猝死。因此，低密度脂蛋白胆固醇是目前最重要的血脂检测指标，并非甘油三酯。

体检化验单没有"箭头"就是正常。

如今很多人都格外关注体检结果中的胆固醇指标，但鲜有人发现自己有胆固醇异常问题，因为化验单上并未发现有"箭头"。其实一般体检化验单上的参考值是针对整个人群的，但是对于已有冠心病或糖尿病等疾病，或者已经发生过心梗、中风的患者，血脂治疗值和目标值与化验单上显示的对于整个人群的正常值是不同的。他们的血脂目标值要求应该更严格，要低于血脂化验单上的参考值，即"坏"胆固醇（LDL-C）需低于80mg/dL 或者2.1mmol/L。重点人群，即 40 岁以上男性、绝经女性、肥胖、有黄色瘤、有血脂异常及心脑血管病家族史者的胆固醇指标也不能仅仅参考化验单上"不高于3mmol/L"这一指标。

胆固醇异常是慢性问题，即使不达标也不会有大碍。

胆固醇异常在很多人眼中是一种慢性问题，就像高血压、糖尿病一样，一时半会儿不会导致健康出大问题。实际上，以冠心病为主的心脑血管疾病往往与动脉粥样硬化密不可分，它的特征是全程炎症、慢性进展、急性突变。"坏"胆固醇（LDL-C）在动脉血管内壁慢慢沉积形成动脉粥样硬化斑块，使血管变窄、被堵塞住。并且，这些斑块就像一个个"不定时炸弹"，随时可能破裂，导致急性心梗、中风。如果不尽早控制，年轻的患者也同样会遭遇斑块破裂带来的恶果。

保健品可以软化血管、降低血黏度，服用无副作用。

现在民间采用的一些保健食品降低胆固醇的作用不明确，作为辅助治疗高脂血症的确也具有一定疗效，但目前仍然缺乏明确的临床研究依据，并且保健食品与药品的审批程序完全不同。因此，保健食品是无法取代药物治疗的。

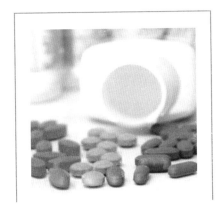

CHAPTER SEVEN
第七章

保健食品的选购和使用

本章要点：

- 正确认识保健食品的属性
- 正确认识保健食品与一般食品及药品的区别
- 怎样正确选择和食用保健食品
- 如何鉴别正规保健食品
- 保健食品消费维权

一、正确认识保健食品的属性

保健食品是食品的一个特殊种类，界于一般食品和药品之间。消费者出于健康和养生的目的去选购保健食品，首先应该清楚保健食品的特征和属性，不能将保健食品当做一般的食物，也不能当做药物服用。保健食品属于食品，遵照说明合理食用是安全的。但保健食品又不同于一般食品，它们有各自特定的适宜人群和特定的保健功能，或者用来补充维生素和矿物质。保健食品对机体有调节作用，但不能被用来代替药物治疗疾病。消费者不要对保健食品抱有"可以药到病除"的幻想和期待，因为它们毕竟不是药物。因而，保健食品的广告包装上也不能明示或暗示该保健食品具有疾病预防或治疗功能，如果有类似的产品，就要小心其中是否有陷阱了。消费者如果已经被确诊为高血压、糖尿病、高血脂等慢性疾病，患病期间一定要遵照医生的指导，按时按量服用对症的药物，接受对症的治疗，避免贻误病情。疾病期间如果服用保健食品，建议征求专业医生的意见。

二、正确认识保健食品与一般食品及药品的区别

1. 保健食品与一般食品有什么区别

（1）保健食品强调具有特定保健功能，而一般食品强调提供营养成分。

（2）保健食品具有规定的食用量，而一般食品没有服用量的要求。

（3）保健食品根据其保健功能的不同，具有特定适宜人群和不适宜人群，而一般食品不进行区分。

2. 保健食品与药品的主要区别是什么

（1）使用目的不同：保健食品是用于调节机体功能，提高人体抵御疾病的能力，改善亚健康状态，降低疾病发生的风险，不以预防、治疗疾病为目的。药品是指用于预防和治疗疾病，并规定有适应证或者功能主治、用法和用量的物质。

（2）保健食品按照规定的食用量食用，不能给人体带来任何急性、亚急性和慢性危害。药品可以有毒副作用。

（3）使用方法不同：保健食品仅口服使用，药品可以注射、涂抹等方法。

（4）可以使用的原料种类不同：有毒有害物质不得作为保健食品原料。

三、怎样正确选择和食用保健食品

（1）食用保健食品要依据其功能有针对性地选择，切忌盲目使用。

（2）保健食品不能代替药品，不能将保健食品作为灵丹妙药。

（3）食用保健食品应按标签说明书的要求食用。

（4）保健食品不含全面的营养素，不能代替一般食品，要坚持正常饮食。

（5）不能食用超过所标示有效期和变质的保健食品。

四、如何鉴别正规保健食品

消费者既应该掌握一定的科学知识和生活常识，针对自身的健康状况及保健目的，有的放矢地合理选购保健食品，也应该了解一些保健食品的管理规范及相关的鉴别方法，避免上当受骗。

1. 查询 CFDA 官网，了解保健食品批准注册信息

国家食品药品监督管理局（CFDA）的官网上可以查到正规保健食品的批准注册信息。该网网址如下：www.sfda.gov.cn 点击"保健食品"板块，可以进入以下页面。

　　截至 2015 年 6 月 18 日，该数据库中已有国产保健食品注册信息 14 937
条，进口保健食品注册信息 738 条。

2. 认清保健食品的标签和标识

消费者选购保健食品时一定要仔细查看其包装上的标签和标识，合理选择，正确食用。使用保健食品不当，不仅没有效果，而且还有可能适得其反。

正规的、合格的保健食品包装或说明书上应该有以下内容。

（1）功效成分的名称及含量。在现有技术条件下不能明确功效成分的，则须标明与保健功能有关的原料名称。

（2）保健功能。可声称的保健功能详见第一章。

（3）适宜人群或不适宜人群。

（4）食用量及食用方法。

（5）贮藏条件或贮藏方法。

（6）生产日期和保质期等。

（7）保健食品标识：即经典的蓝帽子图样。

（8）保健食品批准文号：每个蓝帽子标识下面都有卫生部或国家食品药品监督管理局的批准文号。但因为我国保健食品审批主管部门的变迁，2003 年 7 月前后的批准文号稍有不同。具体见表 7-1。

表 7-1 我国保健食品批号的表示方法

类别	2003 年 7 月前 批准单位：卫生部	2003 年 7 月后 批准单位：国家食品药品监督管理局
国产保健食品	卫食健字（年份） 第 **** 号	国食健字 G（年份）**** 号
进口保健食品	同上	国食健字 J（年份）**** 号

（9）生产许可证号：检查保健食品包装上是否注明生产企业名称及其生产许可证号，生产许可证号可到企业所在地省级主管部门网站查询确认其合法性。

（10）进口保健食品的中文标签：《中华人民共和国食品安全法》中规定进口的预包装食品应当有中文标签、中文说明书。标签、说明书应当符合我国法律、行政法规的规定和食品安全国家标准的要求，阐明食品的原产地以及境内代理商的名称、地址、联系方式。预包装食品没有中文标签、中文说明书或者标签、说明书不符合规定的，不得进口。在我国批准注册的进口保健食品也需要遵循此规定，提供相应的中文标签。

3. 学会鉴别正规保健食品的命名及禁用语

保健食品命名禁止使用下列内容：①虚假、夸大或绝对化的词语。②明示或暗示治疗作用的词语。③人名、地名、汉语拼音。④字母及数字，维生素及国家另有规定的含字母及数字的原料除外。⑤除" "之外的符号。⑥消费者不易理解的词语及地方方言。⑦庸俗或带有封建迷信色彩的词语。⑧人体组织器官等词语，批准的功能名称中涉及人体组织器官等词语的除外。⑨其他误导消费者的词语。如果出现以上用语，极有可能为非法保健食品。

4. 学会辨别正规与非法的保健食品广告

国家对保健食品的广告有严格的要求和标准，保健食品广告中有关保健功能、产品功效成分/标志性成分及含量、适宜人群、食用量等的宣传，应当以国务院食品药品监督管理部门批准的说明书内容为准，不得任意改变。

保健食品广告必须标明保健食品产品名称、保健食品批准文号、保健食品广告批准文号、保健食品标识、保健食品不适宜人群。保健食品广告中必须说明或者标明"本品不能代替药物"的忠告语；电视广告中保健食品标识和忠告语必须始终出现。保健食品广告应当引导消费者合理使用保健食品，不得出现下列情形和内容：

（1）含有表示产品功效的断言或者保证；

（2）含有使用该产品能够获得健康的表述；

（3）通过渲染、夸大某种健康状况或者疾病，或者通过描述某种疾病容易导致的身体危害，使公众对自身健康产生担忧、恐惧，误解不使用广告宣传的保健食品会患某种疾病或者导致身体健康状况恶化；

（4）用公众难以理解的专业化术语、神秘化语言、表示科技含量的语言等描述该产品的作用特征和机理；

（5）利用和出现国家机关及其事业单位、医疗机构、学术机构、行业组织的名义和形象，或者以专家、医务人员和消费者的名义和形象为产品功效作证明。

（6）含有无法证实的所谓"科学或研究发现"、"实验或数据证明"等方面的内容；

（7）夸大保健食品功效或扩大适宜人群范围，明示或者暗示适合所有症状及所有人群；

（8）含有与药品相混淆的用语，直接或者间接地宣传治疗作用，或者借助宣传某些成分的作用明示或者暗示该保健食品具有疾病治疗的作用。

（9）与其他保健食品或者药品、医疗器械等产品进行对比，贬低其他产品；

（10）利用封建迷信进行保健食品宣传的；

（11）宣称产品为祖传秘方；

（12）含有无效退款、保险公司保险等内容的；

（13）含有"安全"、"无毒副作用"、"无依赖"等承诺的；

（14）含有最新技术、最高科学、最先进制法等绝对化的用语和表述的；

（15）声称或者暗示保健食品为正常生活或者治疗病症所必需；

（16）含有有效率、治愈率、评比、获奖等综合评价内容的；

（17）直接或者间接怂恿任意、过量使用保健食品的。

五、保健食品消费维权

保健食品市场方兴未艾，鱼龙混杂，消费者难免上当受骗。必要时要敢于站出来，通过合法渠道，维护自身权益，惩治违法者，净化保健食品市场。

1. 维权依据
（1）《中华人民共和国消费者权益保护法》
（2）《中华人民共和国食品安全法》
（3）《中华人民共和国药品法》
（4）《中华人民共和国广告法》

2. 上海本地的维权热线
（1）消费咨询投诉：上海市消费者权益保护委员会 12315 www.315.sh.cn
（2）保健食品违法经营行为投诉、举报：上海市食品药品监督管理局 12331 www.shfda.gov.cn
（3）有关食品、药品犯罪行为举报：上海市公安局 110

3. 上海市消费者权益保护委员会微信公众平台
扫描下面二维码加入：

图书在版编目(CIP)数据

"三高"人群如何选择保健食品/上海市消费者权益保护委员会编. —上海:
复旦大学出版社,2016.2(2017.2 重印)
("小蓝帽"消费微课堂丛书)
ISBN 978-7-309-12034-9

Ⅰ. 三… Ⅱ. 上… Ⅲ. 疗效食品-基本知识　Ⅳ. TS218

中国版本图书馆 CIP 数据核字(2015)第 313774 号

"三高"人群如何选择保健食品
上海市消费者权益保护委员会　编
责任编辑/傅淑娟

复旦大学出版社有限公司出版发行
上海市国权路 579 号　邮编:200433
网址:fupnet@ fudanpress. com　http://www. fudanpress. com
门市零售:86-21-65642857　团体订购:86-21-65118853
外埠邮购:86-21-65109143
常熟市华顺印刷有限公司

开本 890×1240　1/32　印张 2.75　字数 88 千
2017 年 2 月第 1 版第 3 次印刷

ISBN 978-7-309-12034-9/T・561
定价:28.00 元